전국의 유초중고 선생님들이 이 책을 강력하게 추천합니다!

오랫동안 학생들을 가르치면서 알게 된 최상위권 아이들의 비결은 학원도, 학군지도 아닌 아이의 단단한 내면이었습니다. 할 수 있다는 용기, 스스로를 믿는 힘, 자기주도적 생활습관을 가진 아이로 자라게 하는 책을 만나게 되어 가슴이 벅차오릅니다.　　　　**경기여자고등학교 문상미 선생님**

무엇이든 배우고자 하는 아이, 스스로 해낼 수 있다는 자신감을 가진 아이, 자신의 감정을 조절하고 친구들과 행복하게 지내는 아이! 교사라면 누구나 만나고 싶어하는 아이를, 이 책을 통해 가정에서 먼저 만나게 될 것입니다.　　　　**청하초등학교 채인혜 선생님**

수업할 때마다 반짝거리는 눈빛을 마주할 때가 있습니다. 저자의 말을 빌리자면 해냄 스위치가 톡하고 켜져 있는 아이겠지요. 배움을 즐기는 그 반짝거리는 눈망울 속에서 수업하고 싶은 꿈이 생겼습니다. 이 책을 통해 많은 아이들의 해냄 스위치가 톡톡 켜지기를 간절히 바랍니다.

서산중학교 강선영 선생님

현 초등학교 1학년 담임교사로서, 예비 학부모들께 이 책을 강력하게 권합니다. 이 책에는 곧 학교에 입학할 아이들을 위한 가장 기본적이며 본질적인 교육법이 녹아 있습니다. 가정에서 해냄 스위치를 켠 아이들은 학교에서도 스스로 빛납니다. 많은 아이들이 내면이 단단한 아이로 자라 저마다의 꽃을 아름답게 피우는 학교가 되길 소망합니다.　　　　**청암초등학교 성유진 선생님**

이 책을 읽는다면 학습뿐 아니라 이 시대 아이들에게 꼭 필요한 생활 습관을 다지고 정서적 안정감을 높여줄 지혜를 얻게 될 것입니다. 예비 초등학생들의 메타인지와 회복탄력성을 키워주는 구체적인 방법을 담은 매우 가치 있는 책입니다.　　　　**대전반석초등학교 김은실 선생님**

육아의 망망대해에서 허우적대다가 해냄 스위치라는 단어를 만나 무릎을 탁 칩니다. 엄마의 역할은 믿고 기다려주는 것임을 일깨우는 따뜻한 육아서를 만나 행복합니다. 오늘도 아이를 채근하다 지친 부모들께 이 책을 추천합니다.　　　　**시흥고등학교 명은하 선생님**

이 책은 유아기에 영어와 수학을 흥미롭게 접할 수 있는 방법을 구체적으로 제시하는 것은 물론, 아이가 스스로 성취하고 해낼 수 있도록 지지하는 양육 태도가 얼마나 우수한 학습 능력과 인성을 갖추도록 하는지를 잘 보여주고 있습니다. 자기주도 학습능력과 메타인지가 뛰어난 아이를 꿈꾸는 부모들께 추천합니다.　　　　**성서중학교 정효진 선생님**

저자와 아이의 삶이 맞닿는 곳마다 '해내는 기쁨'이 있습니다. 가족의 따뜻한 사랑 속에서 차곡차곡 쌓아올린 성취의 경험들이 아름답고, 뭉클합니다. 성취의 반복이 우리 아이들 인생의 튼튼한 뿌리가 되어줄 것이라는 확신을 주는 책입니다.　　　　**솔밭중학교 차보람 선생님**

7세 이전의 유아를 둔 가정에서는 꼭 읽어보시길 바랍니다. 아이가 해냄 스위치를 켤 수 있도록 등불이 되어줄 것이고, 자신의 인생을 스스로 개척하는 삶으로 이끌어줄 것입니다.

용인백현중학교 류해리 선생님

첫째 아이를 키운 나에게는 공감과 위로를, 둘째 아이를 키우고 있는 또 다른 나에게는 응원과 열정을 선물해준 저자께 감사함을 전합니다. 이 책을 통해 수많은 가정에서 소중한 아이들을 눈부시게 성장시킬 해냄 스위치가 켜지길 바랍니다.

신주초등학교 김신혜 선생님

태교할 때부터 유명하다는 육아서는 거의 읽어보았지만, 결국 이론으로 끝날 뿐 아이를 키우는 구체적인 실행방법은 얻지 못했습니다. 그 시절 이 책을 만났더라면 하는 아쉬움이 듭니다. 4~7세 아이를 키우는 부모들께 이 책을 놓치지 않길 권합니다.

수남중학교 공미나 선생님

스스로 해내는 아이로 키우고 싶다면 먼저 부모님의 해냄 스위치부터 켜주세요. 부모님의 의지가 밝은 빛이 되어 아이의 길을 찾도록 도와줄 것입니다. 이 책은 '해주는 육아'에 파묻힌 부모들에게 잃어버린 '나'를 찾는 여정이자 지속가능한 육아를 위한 길라잡이가 되어줍니다.

도곡중학교 이송이 선생님

해냄 스위치를 켜고 길을 걷는 아이는 삶의 방향을 잃지 않을 것입니다. 해냄 스위치를 켜준 건강한 부모의 모습을, 바로 곁에서 지켜보며 성장하기 때문입니다. **인천동부교육지원청 노정연 선생님**

모든 아이에게는 독립적이고 능동적인 삶을 꾸려나갈 해냄 스위치가 내재되어 있습니다. 가정에서부터 긍정적인 정서를 함양하고, 작은 성취의 경험을 쌓는다면 학교생활에도 큰 도움이 되리라고 생각합니다. 아이를 양육하는 모든 분들께 이 책을 추천합니다. **황산초등학교 임수현 선생님**

자녀가 해냄 스위치를 켤 수 있도록 도와주는 일은, 자녀가 인생의 주인공이자 능동적 학습자로 자라도록 돕는 가장 강력한 지지라고 할 수 있습니다. 이 책을 통해 부모와 자녀가 '살꾸긍핏'으로 함께 배우고 성장하며, 내면을 단단하게 가꾸기를 바랍니다. **처인성유치원 김정연 선생님**

매사 알아서 척척 해내는 똑똑한 아이들의 부모님과 상담해보면, 다들 아이에게 특별히 해준 게 없다고 말씀합니다. 정말 그럴까요? 이 책에 그 '특별한' 비밀이 담겨 있습니다. 처음부터 혼자서 잘하는 아이는 없습니다. 아이가 능동적 학습자가 되기를 원하는 부모라면 꼭 읽어야 하는 책입니다.

빛누리초등학교 김다은 선생님

해냄 스위치를 켜면
혼자서도 잘하는 아이가 됩니다

해냄 스위치를 켜면

혼자서도 잘하는 아이가 됩니다

임가은 지음

멀리깊이

"지금 어딘데! 어디냐고!!"

2018년 여름, 서둘러 퇴근 준비를 하고 있을 신랑에게 전화를 걸어 대뜸 소리친 말이었다. 전화를 받자마자 고래고래 소리를 지르는 내 목소리를 들은 신랑은 화들짝 놀란 목소리로 "어, 어. 지금… 지금 가."라고 대답했다.

신랑의 대답은 중요하지 않았다. 소리를 지르면서 나는 내 화의 근원지인 아이를 쳐다보고 있었다. 맞다. 어른의 치졸함이 명백히 드러나서 차마 밝히기 부끄럽지만, 나는 전화를 하는 척하며 실은 아이에게 소리 지르고 있었다. 내 앞에 앉아 있는 고작 두 살짜리 아이에게 들으라는 듯이 말이다. 나의 속마음은 이랬다.

'너 때문에 엄마가 아빠한테 소리 지르는 거야. 네가 지금 날 화나게 하고 있어.'

신랑은 지금도 종종 그때를 회상하곤 하는데, '당신이 그렇게 이유 없이 소리 지르는 사람이 아닌데, 너무 놀랐다.'라고 말한다. 육아란 바로 그런 것이다. '이유 없이 소리 지르지 않는 사람을, 큰 이유 없이 소리 지르게 하는 일'이다.

두 살 아이에게 그토록 화가 난 이유는, 놀랍게도 이유식 때문이었다. 누가 시킨 것도 아니고, 내 멱살을 잡고 이유식을 손수 만들라고 압박하는 것도 아닌데, 나는 '이유식 만드는 좋은 엄마'란 타이틀을 사수하고자 매일 밤 이유식을 만들었다. 이유식 초기, 중기, 말기를 지나 유아식으로 넘어가는 단계까지 매달 아이 음식 스케줄을 빼곡하게 짜서 만들었다. 메뉴는 겹치지 않도록, 모든 채소는 골고루, 채소와 고기 육수의 배합까지 고려하며 만들었다. 된장찌개도 제대로 끓이기 힘들 정도로 요리에 관해선 무지했던 내가, 이유식에 그토록 진심이었던 이유는 '좋은 엄마'가 되고 싶었기 때문이다.

내가 생각하는 '좋은 엄마'의 기준을 따르자면, 이유식은 손수 만들어야 했다. 나중에야 깨달았지만, 그 기준에는 '나'만 있고, '아이'가 없었다. 이유식을 잘 먹지 않을 아이는 미처 생각하지 못했다. 내가 이렇게 정성껏 만들었으니, 아이는 당연히 잘 먹어야 했다. 아이에게 '입맛에 맞지 않는 건 먹지 않을 탐색권'이 있다는 생각조차 하지 못했다. 의무를 수행하지 않은 아이에겐 언제나 화가 치밀었다. 발끝에서 시작한 화는, 어느덧 허리와 가슴을 지나 머리끝까지 급속도로 차올랐다. 이러한 화가 비단 이유식에서 끝났을까? 그렇지 않다. 아이에게 선택권을 주지 않는 부모는 아이가 자랄수록 공부, 관계, 습관, 친구, 태도 등 각 영역에서 의무를 부여하기 시작한다. 나 또한 그 시기를 겪었다.

고래고래 소리치는 내 목소리를 듣고 바쁘게 차를 몰고 왔을 신랑은 바닥에 쏟아진 이유식, 더러워진 하이체어, 그리고 아이 앞에서 목 놓아 엉엉 울고 있는 나와 얼굴에 실핏줄이 터지도록 악쓰며 울고 있는 아이를 놀란 눈으로 번갈아 보았다. 신랑을 보자마자 내가 할 수 있었던 건, 안방으로 뛰어들어 베개에 얼굴을 묻고 목 놓아 우는 일뿐이었다.

'아이는 매일 먹어야 하고, 매일 자라야 하고, 매일 놀아야 하는데 이 육아는 도대체 언제 끝나는 걸까.'

'나는 좋은 엄마가 되고 싶은데, 좋은 엄마 되는 건 왜 이리 어려운 거지?'

'아이는 내가 이렇게 애쓰는데 왜 날 도와주지 않을까?'

내 처지가 한없이 처량하고 한탄스러웠다. 지금은 안다. 내

프롤로그

처지를 처량하고 한탄스럽게 만들었던 건 바로 '나'라는 걸. '너 때문에 내가 이렇게 되었다.'와 '나로 인해 내가 이렇게 되었다.'라는 생각에는 큰 차이가 존재한다. 전자에는 누군가를 원망해야만 감정을 해소할 수 있는 내가 있지만, 후자에는 타인과 독립되어 앞으로 나아갈 수 있는 내가 있다. '너'에서 '나'로 주어를 바꾸었을 뿐인데, 이 작은 차이 뒤에 숨은 많은 의미가 보였다. 마치 어두운 방에 들어가기 전 스위치를 탁 하고 켜면 방 안이 금세 환해지며 방 안 곳곳을 살펴볼 수 있듯이, 육아의 스위치를 켜자 아이가 가진 구석구석의 모습들이 세밀하게 보였다. 나는 아이의 삶과 나의 삶은 다르다는 생각의 스위치를 켰다. 아이가 독립된 존재라는 것을 인정하고 나자 아이의 모습을 그대로 받아들일 수 있었고, 아이 역시 엄마와 분리해 자신의 성장을 주도하기 시작했다. 이것이 바로 해냄 스위치다.

내가 해냄 스위치를 켤 수 있었던 가장 큰 힘은 한 온라인 카페에 글을 올리기 시작하면서부터였다. 그 카페는 조금 특별했다. 교사만 가입할 수 있는 비공개 교사맘 카페였다. 휴직자의 신분으로 학교 내외 소식을 알 턱이 없어 필요한 정보를 얻고자 가입한 카페에서 내가 가장 크게 얻었던 가치는 다름 아닌 '독립'이었다.

5년 전 당시, 나는 루틴을 시작했다. 처량한 나를 살리고자,

해냄 스위치를 켜면 혼자서도 잘하는 아이가 됩니다

내가 살고 싶은 마음에 시작한 루틴이었다. 나는 아이를 재우고 나서 거실 식탁에 앉아 영어 공부를 하기 시작했다. 그렇게 아이에게 영어로 말 한 번 걸어주고 싶어서 시작한 영어 공부 이야기를 맘카페에 썼다. 아이와 가베로 놀아주고 싶은데 어떻게 해야 할지 몰라 가베 지도사 자격증까지 땄던 경험을 글로 공유했다. 반응은 가히 폭발적이었다.

"선생님, 꼭 책으로 내주세요."

영어공부로 시작한 글의 주제는 육아 전반으로 점차 확장되었다. 엄마의 역할에만 매몰되었던 나는 한 발짝 물러나 새로운 나를 살폈다. 그랬더니 신기하게도 나와 아이가 함께 성장할 수 있는 다양한 가능성들이 보였다.

나는 11년 동안 학급을 운영하며 학생들 한 명 한 명이 가진 흥미를 끌어내어, 아이들의 습관을 만들고 학습의 세계로 이끄는 데 큰 정성을 쏟았다. 바로 그 노하우를 우리 아이들에게도 적용했다. 그 이후 아이의 흥미를 끄는 영어 학습 방법, 아이와 수학으로 즐겁게 노는 방법, 아이의 습관을 능동적으로 잡아주는 방법, 아이와 단단하게 관계를 형성하는 법에 대한 글들을 4년간 썼다. 글을 쓰는 것에서 끝나는 것이 아니라, 4년간 나처럼 처량한 자신을 탓할 엄마들을 돕기 위해 새벽 기상 등 루틴 소모임을 만들어 내면을 채우는 법을 도왔다. 지금은 더 많은 부모와 함께하기 위해 '반드시 일어나는 미라

클 모닝 카페'를 운영 중이다. 교육의 최전선에 있는 교사이자 엄마인 사람들이 나의 노하우를 아이들에게 적용했고 변화를 경험했다고 말한다. 이 모든 활동을 통해 아이에게 머물러 있던 시선이 서서히 나에게로 옮겨지며, 나의 독립도 시작됐다.

나의 마음이 단단하게 차오를수록 아이가 가진 모습을 그대로 바라보고자 하는 힘이 강해졌으며, '주변의 시선'이라는 거센 바람과 '성과'라는 굳센 비에도 흔들리지 않고 설 수 있었다. 아이들은 잠이 들기 전 다가올 내일을 설레며 기대한다. 더 잘하고 싶은 분야를 연습하고, 더 나아질 순간을 기다린다. 하루는 많은 일을 했는데도, 아직도 똘망똘망한 눈을 한 아이에게 물었다.

"하준아, 피곤하지 않아?"

"엄마, 나는 알고 싶은 게 많고, 계속 연습하고 싶어. 그리고 노는 게 정말 재밌어. 너무 즐거워서 피곤하지 않아."

이 책은 아이를 이런 '능동적 학습자'로 성장시키는 '해냄 스위치'에 대한 이야기다. 부모의 간섭과 조급증을 끄면 아이의 자기주도성이 켜진다. 이렇게 자극된 능동성을 기반으로 아이는 이 세상을 자신의 마음과 머리로 온전히 받아들이고, 자신이 가진 도구로 표출하며 즐겁게 성장할 수 있다. 모든 아이에겐 스스로 하고 싶은 마음과 그걸 해낼 힘이 있다. 능동적으로 세상을 탐색하고, 자신이 좋아하는 것을 찾고, 좋아하는

해냄 스위치를 켜면 혼자서도 잘하는 아이가 됩니다

걸 더 잘하기 위해 꾸준히 연습하고, 새로운 것을 알아가는 일을 큰 기쁨으로 여기는 삶. 우리가 아이들에게 이 이상 무엇을 바랄 수 있을까?

행여 자신을 처량하다고 느낄 부모를 위해, 부디 그러지 않아도 된다고 말하고 싶다. 부모와 아이가 함께 행복해지는 방법은 반드시 있다. 육아란 끝이 없이 혼자 걷는 길이 아니다. 아이와 손을 잡고 함께 성장하는 동행의 길이다. 아이는 부모에게, 부모는 아이에게 서로 힘이 되어주면 되기에 그 길을 끝까지 함께할 수 있다. 엄마와 아빠가 행복하고, 그 행복이 아이에게 그대로 흘러갈 수 있도록 소망하는 마음을 담아 이 책을 썼다. 아이의 몫을 인정하는 동시에 스스로 해낼 수 있다는 효능감을 가지도록 돕는 해냄 스위치에 대해, 그리고 그 스위치를 아이와의 관계 · 습관 · 학습에 적용하는 쉽고 구체적인 실행 방법들을 담았다. 모든 부모는 아이의 해냄 스위치를 켤 수 있는 특별하고 유일한 존재임을 기억하자. 다정한 마음을 엮어 유일한 당신에게 보낸다.

2023년 어느 독립된 새벽에
임가은

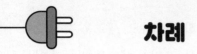

차례

4장. 모든 아이는 능동적 학습자가 될 수 있다

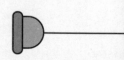

1장.

지금은 해냄 스위치를
켜야 할 때

더 이상의 '난리 육아'는 없다

'드디어 아이가 내게 왔다.'

첫째를 임신한 것을 알게 되었던 그날이 떠오른다. 행여나 떨어트릴세라 두 줄이 뜬 임신 테스트기를 손에 꼭 쥐고, 화장실에 앉아서 울었던 기억이 난다.

임신이 이리 어려울지 몰랐다. 처음의 기대감은 시간이 지날수록 불안하고 초조한 마음으로 바뀌었다. 나는 불안한 마음을 온갖 '난리'로 최선을 다해 메꿨다. 매일 아침 시금치, 사과, 각종 채소를 넣은 즙을 짜서 마시고 기름기 있는 음식과 밀가루는 강박적으로 피했다. 수많은 육아 서적을 구매해서

해냄 스위치를 켜면 혼자서도 잘하는 아이가 됩니다

읽었고, 자연 출산과 관련된 영상과 강의를 쉴 새 없이 찾아다녔다. 그런데 이런 최선의 난리 속에서도 아이는 찾아오지 않았다. 나는 좋은 엄마가 될 준비를 이미 마쳤는데, 아이는 왜 오지 않는지 야속하기만 했다. 지역에서 용하다는 여성 한의원을 찾아가 "자궁은 튼튼하니까 문제없어."라는 대답을 들은 후에야 안심했다. '그래. 네가 진짜 오고 싶을 때 와.' 하고 마음을 놓은 순간 아이는 내게 왔다.

아이를 출산할 시기가 다가오자 나의 난리는 자연분만으로 옮겨갔다. 그 누구보다 잘 해내고 싶은 마음에, 먹고 싶은 음식을 꾹꾹 참아가며 하루에 필요한 필수 영양소만 섭취하며 몸무게를 조절했다. 그런데 막상 출산 날이 되니 순산은 마음처럼 쉽지 않았다. 30시간이 넘는 진통을 하고, 심지어 양수가 터졌는데도 아이가 골반에서 좀처럼 내려오지 못하고 있었다. 그런데도 나는 자연분만에 대한 욕심을 놓지 못했다. 그때 당직 의사 선생님이 내게 해준 말이 기억난다.

"엄마, 아이를 어떻게 낳는지가 중요한 게 아니에요. 자연분만하면 아이에게 좋을 것 같지? 그건 잘못된 생각이에요. 아이가 편안하게 나오는 게 가장 중요해요."

순간 자연분만 강의에서 들었던 말이 떠올랐다.

"아이를 낳을 때 엄마도 힘들지만, 아이도 정말 힘든 과정을 겪는 거예요. 좁은 길을 통과하면서 아이의 머리와 어깨가 다치거든요. 출산은 엄마만 힘든 과정이 아니에요."

'아, 지금 아이도 많이 힘들겠구나. 아이를 위한 일이라고 생각했는데, 나를 위한 일이었구나.'

그렇게 나는 제왕절개를 했고 아이는 세상으로 나왔다.

난리 육아를 할수록 불안해지는 엄마와 아이

첫째가 태어나고 육아를 하는 것이 이토록 에너지가 많이 드는 일이라는 걸 새삼 실감했다. 아이의 불편함을 없애려고 노력할수록 더 많은 에너지가 들었다. 아이가 힘든 일이 없었으면 하는 마음이 컸기에, 아이의 먹놀잠(먹고 놀고 잠자는) 패턴을 분 단위로 기록하느라 바빴다. 나는 당장 아이가 보내오는 신호보다 내가 적은 관찰 데이터를 더 믿었다. 그것이 내 최선의 결과였기 때문이다. 집을 항상 청결하게 유지했고, TV를 켜는 일은 일절 없었으며, 태어날 때부터 그림책을 끊임없이 읽어주었다. 혹시 아이가 감기라도 걸릴까 6개월까지 집 밖으로 나가지도 않았다. 일주일에 한 번씩 모든 장난감을 꺼내 삶았고, 접이식 매트 사이사이를 꼼꼼하게 닦았다.

그런데 아무리 아이의 신생아 때 사진을 들여다봐도 행복한 기억들이 별로 떠오르지 않는다. 문득문득 떠오르는 기억이라고는 새벽녘에 봤던 창밖의 가로등 뿐이다. 아이를 수유

18

하고 재우면서 지루한 시간을 창밖의 가로등을 세면서 보냈던 것이다. 우습게도 새벽녘에 지나가는 사람이 나를 보고, '저 엄마 진짜 열심히 하네.'라고 생각해주길 바랐던 기억이 난다. 이 난리 육아는 아이를 위한 것이었을까, 나를 위한 것이었을까. 아이에겐 먼지 없는 집안의 환경보다, 시원한 바람을 맞으며 작은 눈으로 세상을 관찰할 시간을 주는 게 더 좋았을 거란 걸 이제는 안다.

나의 노력과 무관하게 아이는 자라날수록 불안도가 높아졌다. 환경에 민감하게 반응하며 적응하기까지 오랜 시간이 걸리는 모습을 보였다. 문화센터 학기 마지막 날까지도 내 품에서 떨어지지 않는 아이가 바로 우리 아이였다. 나는 불안으로 속이 까맣게 타들어 갔다. 무언가 잘못되었다는 느낌이 피어오를 때마다 나는 더 최선을 다했다. 아이를 위한 모든 노력은 잘못된 것이 아니라 믿었다. '방향'을 생각하지 않고 내가 들이는 '노력'에만 집중했다.

그렇게 아이가 16개월이 되던 해 겨울, 마음을 크게 먹고 남편과 셋이 제주도 여행을 떠났다. 아이와의 첫 여행을 기념하고 싶어서 비싼 호텔도 예약했다. 아이의 눈은 새로운 풍경에 호기심으로 똘망똘망 빛났지만, 제주도에 와서도 잠자는 시간은 지켜야 했다. 8시를 넘기지 않기 위해 호텔 창문을 굳게 닫고 암막 커튼을 쳤다. 호텔 창문 밖에서는 수영장에서 틀어놓은 음악이 흘러나오고 있었고, 아이는 당연히 잠들기 힘들어했다. 그 신나는 노래를 들으며 내 마음은 처절했다.

'하아, 이게 진짜 뭐 하는 짓이지?'

행복하기 위해 온 여행에서 행복한 사람은 아무도 없고 지친 사람 셋만 남아 있었다.

내 눈치를 보는 아이, 아이 눈치를 보는 나

아이가 자라는 동안에도 스케줄은 변함없이 작성했다. 아이가 먹고, 놀고, 자는 것에 내 기준에 맞는 제한을 두었다. 좋은 엄마가 되기 위해서 내가 가진 모든 에너지를 쏟아부을수록 아이의 불안은 점점 높아졌다. 네 시간 거리에 사는 친정엄마가 오신 어느 날이었다. 아이를 위해 이리저리 바삐 움직이는 나를 보며 엄마가 말했다.

"애 좀 그만 잡아라. 애가 네 눈치를 보잖냐."

엄마의 말을 듣자마자 울컥했다. 마치 그간의 노력을 부정당하는 듯한 느낌이 들었다.

"엄마. 내가 무슨 애를 잡는다고 그래. 눈치는 내가 보고 있는데, 애가 무슨 내 눈치를 봐!"

내가 아이를 위해 얼마나 애쓰고 있는지 증명하고 싶었다.

"봐봐. 내가 이렇게 스케줄 체크도 하고, 좋은 재료로만 음

20

식 만들고, 전집도 사서 매일 읽어줘."

"아유, 알았다. 근데 나는 그런 건 모르겠고, 애 표정만 보인다."

순간 아이를 돌아봤고, 아이의 얼굴을 보자 정말 엄마가 말한 모습이 보였다.

'아, 이게 아닌가?'

그때 처음으로 의문을 품었다. 아이는 왜 그런 표정을 지었을까? 돌이켜 생각해보면 아이를 그대로 받아들이지 못했고 내가 되고 싶은 좋은 엄마가 되기 위한 '기준'만 가득했다. 그곳엔 아이가 선택한 기준이 들어올 자리가 없었다.

에너지의 방향을 옮기자 변화가 시작됐다

지금은 두 가지가 변했다. 이제 아이들은 적극적으로 세상을 탐색하며 받아들인다. 그리고 온전히 자신의 하루를 선택하고 책임지고 있다. 이 변화들은 일상의 아주 사소한 일부터 학습에 이르기까지 아이들을 스스로 행동하게 했다.

다섯 살 둘째는 네 살 때부터 스스로 용변 처리를 했다. 일곱 살 첫째는 여섯 살 때부터 혼자 샤워하고 머리를 말리고 로션을 발랐다. 지금은 둘째도 스스로 목욕할 수 있다. 식사 시간에는 자신의 식기를 고르는 일부터 시간을 정해 밥을 먹고

21

그릇을 설거지통에 넣어두는 것까지 스스로 한다. 우유를 먹었다면 우유갑을 접어 분리수거 통에 넣어두고, 요구르트를 먹었다면 뚜껑 껍질과 요구르트 통을 분리해 버린다. 병원 진료 후 약국에서 타온 약도 스스로 물약과 가루약을 용량에 맞게 약병에 넣고 섞어서 복용한다. 빨래 바구니에서 옷을 꺼내 빨래 건조대에 너는 것도 부모만 하는 일이 아닌 우리 가족 모두의 일이다.

학습에도 아이들의 선택과 책임은 이어진다. 어렵거나 잘 안되는 일이 있어도 아이들은 일단은 해보고, 그 뒤에 도움을 요청한다. 모든 일에는 꾸준한 연습이 필요하다는 것을 알고 있기 때문이다. 어린이집이나 유치원을 다녀오면 아이들은 가장 먼저 가방 정리를 하고, 오늘 해야 할 일을 살펴본 뒤에 스스로 우선순위를 세운다. 그러고 나서 때가 되면 책상에 앉아 스스로 공부한다. 더 알고 싶은 것은 책을 찾아보고, 모르는 것은 나와 함께 알아간다. 아이들은 하루를 자신이 정한 행복의 기준대로 주도적으로 이끌고 있다.

무엇이 이런 변화를 이끌었을까?

나는 내 기준에 아이들을 맞추기 위해 쏟았던 에너지를, 아이들에게 선택과 기회를 주는 방향으로 옮기기 시작했다. 그러자 신기하게도 아이들의 표정이 점차 변하기 시작했다. 내가 먼저 해냄 스위치를 켜고 나자 아이도 조금씩 자신의 세상을 확장해 나갔다. 아이의 삶이 아이의 것이라는 것을 인정하고 나니 비로소 아이도 내게 마음을 열어왔다.

돌이켜보면, 가까워지고 싶어서 한 선택들이 오히려 아이를 멀어지게 했다. 하지만 지금은 가까워지고 싶을수록 이를 악물고 멀어져야 한다는 걸 안다. 아이가 아이의 세상에서 넘어지고, 좌절하고, 실패하며 쌓은 것들이 결국은 아이의 조절력이 된다. 나는 해냄 스위치를 켠 순간, 아이가 정한 자신만의 레이스를 맨 앞줄에 앉아 응원하는 단 한 사람이 되기로 다짐했다. 변화를 느낀 사람은 나뿐만이 아니었다. 오랜만에 아이들을 만난 친정엄마가 이렇게 말씀하셨다.

"그간 아이들에게 대체 무슨 일이 있었던 거야? 애들이 너무 편안해 보인다. 너는 또 왜 이렇게 행복해 보여?"

최선에도 방향이 필요하다. 방향이 맞으면 애써 증명해 보이지 않아도 자연스럽게 그 결과가 드러난다는 것을 깨달았다. 더 이상의 난리 육아는 없다.

해냄 스위치를
켠다는 건

"으앙!!!!! 내가 혼자 할 수 있는데!!!!!"

한 달 전 어렵게 예약한 체험관에 가는 날이었다. 주말 내내 기다리다 이제 양말과 신발을 신고 나가기만 하면 됐다. 그런데 네 살 둘째가 양말을 고르러 방에 들어간 지 한참이 지나도 나오지 않아서 가보니, 양말 서랍장 앞에 앉아 자동차를 가지고 놀고 있었다.

"하윤아, 우리 양말 신고 얼른 나가자!"

"응응. 알았어."

아이는 대답했지만, 손은 장난감 조립을 하느라 바쁘기만

해냄 스위치를 켜면 혼자서도 잘하는 아이가 됩니다

했다. 그걸 지켜보자 조급한 마음이 올라왔다.

'지금 출발해야 여유롭게 도착할 수 있는데.'

일찍 도착해서 아이들과 시설을 둘러보고 화장실도 다녀오고 싶었다. 생각이 여기까지 미치자 지체할 시간이 없었다.

"그러면 엄마가 양말 고를게."

아이에게 말하고 서랍장 맨 앞에 있는 양말을 손에 잡히는 대로 꺼냈다. 내친김에 양말까지 신겼다. 순식간에 벌어진 일련의 과정에 아이는 놀란 듯했다. 자동차 장난감을 조립하던 손을 멈추고 자기 양말이 신겨진 것을 보자마자 아이가 꽥 소리를 질렀다.

"엄마! 내가 하려고 했는데!"

아이는 큰 소리와 함께 눈물을 터트렸다. 한 번 터진 눈물은 좀처럼 그치질 않았고 아이는 "내가 할 수 있는데! 내가 하려고 했는데!"라는 말만 반복하며 서럽게 울었다. 화내는 아이의 울음소리를 듣는 게 힘들었다. 네 살 아이와 함께 '누가 진짜 잘못했는지' 배틀이라도 한 번 해보고 싶었다. 이길 자신이 있었다.

'엄마가 양말 고르라고 몇 번 이야기했잖아! 왜 자동차 장난감 조립을 하고 있어! 지금 가야 안 늦는단 말이야! 이번 주 내내 주말만 기다렸잖아! 늦어서 너희가 하고 싶은 거 다 못하면 어떡해! 그런 모습 보면 엄마도 속상해! 엄마가 진짜 힘

25

들게 예약했단 말이야!'

'누가 진짜 잘못했는지' 배틀을 연다면 이렇게 소리 지르고 싶었다. 말이 목구멍까지 올라와 입술이 열리기만을 기다리고 있었다. 하지만 내뱉지는 않았다. 끅끅 거리고 우는 아이를 보며 어떤 생각이 떠올랐기 때문이다.

'화내는 아이가 힘들까? 듣는 내가 힘들까?'

듣는 나도 힘든 건 분명 맞다. 듣는 귀가 괴롭고, 받아주는 마음은 더 힘들다. 그렇다면 화내는 아이의 마음은?

'듣는 사람이 다 힘들 정도로 화내고, 소리치고, 울고, 심지어 그걸 15분 넘게 지속하는 이 아이는 얼마나 힘들까? 도대체 어떤 메시지를 전하고 싶어서 이렇게까지 표현하는 걸까?'

'내가 하려고 했는데!'라는 짧은 문장 속에 아이는 분명 내게 어떤 의사를 표현했다. 아이와 나를 위해 해냄 스위치를 켜야 할 순간이었다.

'수용의 힘'을 육아에 가져오자 변화가 일어났다

해냄 스위치를 이해하기 위해, 먼저 0이라는 특별한 숫자를 소개하고자 한다.

'$0 + 1 = 1$', '$0 + 100 = 100$', '$0 + 10,000 = 10,000$'….

0은 특별한 숫자다. 0에 어떤 숫자를 더해도 더해진 수는 자신을 잃지 않는다. 동시에 0은 어떤 수가 오더라도 그 수를 지킨다. 아무리 작은 숫자가 와도, 아무리 큰 숫자가 와도 0은 그 수를 지키고 더해진 숫자는 자신을 잃지 않는다. 나는 이것이 바로 0이 가진 '수용의 힘'이라고 생각한다.

유년기에 0에 관한 연산을 배울 때 신이 났던 기억이 있다. '어쩜 이렇게 쉬운 더하기가 있지?'라는 생각이 들었기 때문이다. 그저 더해진 숫자를 쓰기만 하면 답이 됐다. 이처럼 수용한다는 건 어쩌면 쉬운 일이다. 받아들이기만 하면 답을 찾을 수 있기 때문이다.

그렇다면, 육아에 쏟는 에너지를 수용하는 데 써보면 어떨까? 스위치를 탁 하고 켜듯, 수용하는 마음의 스위치를 켜보는 것이다. 0이 가진 수용의 힘을 육아에 가져온 것, 그것이 바로 해냄 스위치다. 수용한다는 것은, 아이가 해낼 수 있다는 믿음을 바탕으로 한다. 그 믿음은 결국 아이를 해내게 한다. 이처럼 해냄 스위치를 켠다는 건 아이의 삶이 아이의 것이라고 인정하는 마음이고, 아이의 선택을 믿는다는 선언이며, 아이에겐 스스로 해결할 힘이 있다는 확신이다.

해냄 스위치를 켜자 내게 새로운 육아의 세계가 펼쳐졌다. 나에게 초점을 맞춰 최선을 다할 때는 마치 캄캄한 방 안에 들어가 있는 느낌이었다. 스위치가 어디에 있는지 몰라 막막하기만 했다. 그러나 한 번 스위치가 있는 곳을 찾자, 그다음부

27

턴 쉬워졌다. 환해진 방 안에선 더 이상 길을 잃은 기분이 아니었다. 찾고 싶은 물건들이 속속들이 보여 무엇이든 찾을 수 있었다. 이는 육아에서도 마찬가지였다. 수용이라는 해냄 스위치를 찾고 나니, 아이의 마음을 들여다볼 수 있는 불을 켤 수 있었다. 그제야 아이가 간직하고 있던 다양한 장점과 흥미, 감정이 보였다. 각각의 요소를 가만히 들여다보자 아이의 습관, 관계, 학습에 대한 길을 쉽게 찾을 수 있었다. 나는 아이가 가진 수를 지키고, 아이는 이를 통해 능동성을 키워나갔다. 이쯤 되자 육아가 정말 쉬워졌다.

아이의 화를 나의 화로 떠안지 말자

아이의 삶이 아이의 것이라고 인정했다는 것은, 다시 말해 나의 삶은 나의 것이라고 인정했다는 뜻이기도 하다. 아이의 화도 마찬가지다. 아이의 화를 떠안을지 말지는 오로지 내 선택의 문제다. 나는 아이의 화를 나의 것으로 가져오지 않는 것을 선택했다. 1 + 1 = 2가 되는 것처럼, 아이의 화에 나의 화까지 더하고 나면, 아이가 가진 본연의 메시지는 제대로 보이지 않게 된다. 아이가 화를 낼 때마다 두 가지를 생각했다.

'아이의 화는 나의 화와 다르다. 아이의 화는 나의 것이 될 수 없다.'

28

눈물과 콧물 범벅이 되어 울고 있는 아이를 바라봤다. 나의 화가 사라지자 남은 것은 안쓰러움이었다. 어른들은 자신이 화가 날 때 무엇을 하면 좋을지 오랜 기간 동안 데이터를 쌓아놨다. 내게도 화가 났을 때 마음을 잠재울 수 있는 여러 가지 선택지들이 있다. 하지만 아이에게는? 선택지가 많지 않다. 어떻게 하면 마음을 풀 수 있을지 충분히 경험하지 못했기 때문이다. 아이도 화를 풀 수 있는 다양한 선택지들을 경험하게 하고 자신의 화를 다스릴 수 있도록 연습하게 해야 한다.

울고 있는 아이에게 말을 건넸다. 아이가 화를 내면서 내게 전했던 짧은 메시지의 뿌리에서부터 대화를 시작했다.

"하윤이가 혼자서 양말을 신고 싶었는데 엄마가 마음대로 골라서 화가 났구나. 하윤이 혼자 할 수 있는 거 아는데, 늦을까 봐 급한 마음에 그랬어. 정말 미안해."

아이는 잠시 눈물을 멈추고 나를 원망스럽게 바라봤다. 체험관에 늦는 건 이제 중요한 문제가 아니었다.

"하윤아, 하윤이가 다시 양말을 고를래? 아니면 진정할 시간이 좀 필요해?"

아이는 잠시 생각하더니 "시간이 필요해."라고 대답했다.

29

아이가 해결할 기회를 준다는 것

방에서 나와 거실 식탁 의자에서 아이를 기다렸다. 마음속에서 일고 있는 화의 소용돌이를 살펴보기 시작한 아이를 가만히 바라보며 기다렸다. 아이는 가장 좋아하는 토끼 인형을 끌어안고 흐느끼기도 하고, 울음이 복받쳐 어깨를 파르르 떨기도 했다. 그러다 결국 눈물을 멈췄다. 20분 정도의 시간이 지나자 아이가 진정하는 게 보였다. "이제 이야기할 수 있어?"라는 물음에 아이는 "응."이라고 대답했다. 우리는 다시 대화를 시작했다.

"하윤이는 어떻게 하고 싶어?"

"내가 양말 고를래. 내가 신을 거야."

"응. 당연하지. 그런데 하윤이도 알아줬으면 하는 게 있어. 하윤이가 하고 싶은데 엄마가 했으니, 당연히 화나고 짜증 날 수 있어. 하지만 화를 내는 건 하윤이가 선택한 행동이라는 걸 꼭 알아야 해."

자신이 선택한 시간 속에서 화를 만난 아이는 나의 말도 수용할 수 있었다.

우리는 체험관에 한 시간은 늦게 출발했다. 시설을 미리 둘러보지 못했고 화장실도 미리 가지 못했지만, 체험은 충분하게 즐거웠다. 늦게 도착한 건 전혀 중요한 문제가 아니었다.

일찍 가서 더 즐거운 것도 아니었고, 늦는다고 덜 즐거운 것이 아니었다. 중요한 건 서로의 편안한 마음이었다. 아이를 어르고 달래서 양말과 신발을 신기고 차에 어영부영 태웠다면 어떻게 되었을지 생각만으로도 아찔하다. 아이는 자신이 전달하고자 했던 메시지가 묵살됐으니, 원인 모를 화에 더 시달렸을 것이다. 그 화는 체험관으로 가는 차 안에서, 그리고 체험관 안에서 어떤 형태로든 표출되었을 것이다.

이날을 계기로 화가 났을 때 우리 집에서는 서로에게 이 말을 자주 쓴다. 나와 아이들 관계에서뿐 아니라 남매끼리 화가 났을 때도 서로에게 말한다.

"시간이 필요해?"

그러면 아이들은 잠시 자신에게 편안한 장소로 가서 혼자만의 시간을 가진다. 그러고 나서 화를 조절하는 방법을 익혀나간다.

"엄마, 내 옆에 있어줘요."

"아빠, 안아주세요."

화는 각자의 것이듯, 화를 푸는 방법을 찾는 일 역시 아이들의 몫이다. 우리의 역할은 그저 해냄 스위치를 켜고, 아이가 자신만의 방법을 찾아갈 수 있도록 기회를 주는 것이다.

31

해냄 스위치 ① 메타인지

유치원 가방 정리에서 시작하는 자기객관화

인지심리학에서 말하는 메타인지란, 마치 헬리콥터를 하늘 위에 올려두고 들여다보듯이 인지 과정에서 자기 자신을 제삼자의 자세로 객관화해보는 것을 말한다. 자신을 객관화해보는 게 왜 필요할까? 바로 나에게 있어 가장 최선이라 판단되는 선택을 할 수 있기 때문이다. 객관화의 과정은 나를 잘 파악해서 내가 가장 행복할 수 있는 방법을 선택하도록 돕는다.

사람마다 행복의 기준이 다르다. 그렇기에 우리는 모두 각자의 무늬가 있는 삶을 살 수 있고, 선택할 수 있다. 아이가 메

해냄 스위치를 켜면 혼자서도 잘하는 아이가 됩니다

타인지를 키워야 하는 이유도, 결국은 자신의 삶을 더 독립적이고 능동적으로 꾸려가기 위해서다. 그 과정에서 타인의 기준에 자신을 맞추지 않고, 자신의 기준대로 최선의 행복을 찾아가는 힘을 기를 수 있다.

메타인지란 마치 자신에게 꼭 맞는 옷을 고르는 과정과도 같다. 한때는 나도 인터넷에서 옷을 선택할 때, 키가 크고 팔다리가 가는 모델이 입었을 때 예쁜 옷을 구매하곤 했다. 하지만 나는 키가 작고 팔다리가 가는 체형이 아니기에, 그렇게 고른 옷들을 입고 거울 앞에 섰을 때마다 참담한 결과를 마주해야 했다. 남이 입었을 때 예쁜 옷을 고르고 나서 내게도 잘 어울리기를 기대해서는 안 된다. 나의 체형, 나의 분위기, 내가 선호하는 색, 내가 좋아하는 패턴에 맞아야 한다. 옷을 하나 고르는 일에도 타인의 기준에 나를 맞추지 않는 연습, 나를 객관적으로 바라볼 수 있는 능력이 필요하다.

아이는 자신에게 꼭 맞는 옷을 어떻게 찾아 나갈 수 있을까? 자신에게 최선인 행복의 기준을 어떻게 알아낼 수 있을까? 남들이 만든 열 개의 기준 중 다섯 개만으로도 만족할 수 있는 사람이라는 걸 어떻게 파악할 수 있을까? 바로, 자신에 대해 고민하는 시간이 많아져야 한다. 고민도 자주 연습해야 방향을 찾을 수 있다. 그 연습이 아이의 일상에 자연스럽게 스며들 때, 아이는 자신을 점검할 수 있는 마음의 힘을 얻게 된

33

다. 미국의 교육철학자 존 듀이(John Dewey)는 배움은 경험이 아닌 경험을 통한 성찰을 통해 이뤄진다고 말했다. 일상의 아주 사소한 실천으로도 성찰의 힘을 차근차근 키워 나갈 수 있다. 유치원 가방 정리는 아주 좋은 연습 도구다.

유치원 가방 안에 담겨 있는 세 가지 메타인지

유치원에서 돌아온 우리집 아이들은 가장 먼저 스스로 가방을 정리한다. 우리집은 아이들과 함께 '무조건 하게 되는 계획표'를 작성하는데, 이 중 하나가 '유치원 가방 정리하기'다. 이 계획표에 대한 설명은 2장에서 이어진다. 유치원 가방 정리 규칙은 간단하다. 가방을 열어 물통, 간식통, 수저통을 꺼내서 싱크대 위에 올려둔다. 그러고 나서 유치원에서 만든 작품이나 소개하고 싶은 것을 엄마나 아빠에게 설명해준다.

대한민국에서 유치원을 다니는 아이들이라면 대체로 유치원 가방 안에 최소 세 가지 정보를 담아온다. 첫째가 오늘 먹은 음식, 둘째로 오늘 한 놀이, 셋째로 오늘 배운 것이다. 아이가 스스로 가방을 정리함으로써 아이는 이 세 가지 정보를 점검하는 기회를 얻는다. 아이가 스스로 가방 문을 열었기 때문에, 가방 안에 담아온 생각의 주도권은 엄마가 아닌 아이에게로 넘어간다. "오늘 뭐 배웠어? 뭐 하면서 놀았어?"라고 묻지

않아도, 아이는 가방 안에 담아온 자신의 일상을 이야기하기
시작한다.

▶▶ [가방 정보 1] 오늘 먹은 음식 ◀◀

음식은 생각보다 많은 정보와 기억을 담당한다. 물통, 간식
통, 수저통을 싱크대 위에 올려두면서 아이는 자신이 오늘 먹
은 것에 대해 생각하게 된다.

"엄마, 나 오늘 집에서 가져간 물을 다 마셔서 정수기에서
한 번 더 담았어. 감기 걸려서 목이 아프니까 물을 많이 마시
려고 했어."

"와. 정말 멋지다. 하준이 목이 금방 낫겠다!"

이러한 정보 정리 과정을 통해 자기 몸을 더 꼼꼼하게 돌보
게 되고, 예전에 먹지 않았던 음식을 새롭게 만나는 경험을 하
기도 한다.

"엄마, 어제 급식표에서 읽었던 모듬 과일 있잖아. 키위, 청
포도, 파인애플이 나왔어. 키위가 예전엔 맛없었는데 이번엔
맛있었어. 또 먹어보고 싶어!"

"오. 정말? 이번에 키위를 사서 먹어봐야겠다!"

▶▶ [가방 정보 2] 오늘 한 놀이 ◀◀

유치원 가방 안에는 오늘 아이가 했던 놀이의 결과물이 담

35

겨 있다. 아이가 가방 속에서 꺼내는 것들을 보면, 아이가 유치원에서 요즘 무엇을 하며 노는 것을 가장 재밌어 하는지 알 수 있다. 첫째의 가방에는 단연 색종이로 접은 팽이가 많다. 친구들과 색종이로 팽이를 접으면서 시간을 많이 보내고 있다는 게 느껴진다.

"엄마, 이건 오늘 접은 팽이인데 정말 강해!"

"우와, 날개 쪽이 정말 특이하네."

"친구가 잘 못 접어서 내가 대신 접어주기도 했어."

"그때 마음이 어땠어?"

"친구가 좋아하는 걸 보니까 기분이 좋았어. 근데 이거 말고 다른 팽이는, 나보다 잘 접는 친구가 있어서 배운 거야."

"와, 멋지다. 친구가 알려주면 더 금방 배울 수 있지? 재밌었겠다."

이러한 대화 과정을 통해 아이는 좋아하는 걸 더 재밌게 할 수 있는 방법도 스스로 생각해낸다.

"선생님이 집에서 장난감은 가져오면 안 되지만, 책은 괜찮다고 말씀하셨어. 도서관에서 빌린 종이접기 책 가져가서 친구들이랑 같이 보고 싶어."

가방을 정리하면서 아이는 다음 날 가져갈 종이접기 책도 함께 넣는다. 그렇게 차례차례 도서관에서 빌린 책 세 권을 유치원에서 보며 아이들과 함께 종이접기를 한 뒤, 아이는 책을

해냄 스위치를 켜면 혼자서도 잘하는 아이가 됩니다

사고 싶다고 말했다. 그때 기꺼이 종이접기 책 다섯 권 전권을 구매했다.

▶▶ [가방 정보 3] 오늘 배운 것 ◀◀

아이는 유치원에서 많은 것들을 느끼고 담아온다. 그리고 그걸 통해 더 알고 싶은 것들을 찾아 나간다.

"엄마, 방과 후 시간에 이야기 할머니가 《머리 아홉 달린 괴물》 책을 읽어주셨는데, 정말 재밌었어."

아이의 말에 눈을 반짝이며 어떤 내용이 재밌었는지 물어본다. 아이는 책의 내용을 실감 나게 설명해주었다. 이 책을 한 번 더 읽고 싶다고 해서 책 영상을 연계해서 보여주기도 하고, 도서관에서 책을 빌려와 한참을 읽기도 했다.

"엄마, 오늘은 여러 나라 국기에 대해서 배웠는데, 국기에 대해서도 더 알고 싶어."

아이의 말을 듣고 세계 나라 국기를 지도에 꽂을 수 있는 보드게임을 사주었다. 잠자리 독서 시간엔 세계의 다양한 나라에 관한 책들을 읽으며 어떤 나라를 여행하고 싶은지 함께 상상했다. 프랑스, 이탈리아, 캐나다에 있는 우리를 상상하는 것만으로도 기분이 좋았다.

아이가 유치원에서 작품을 만들어오는 날도 많다. 아이가 만든 작품에 대해서는 항상 설명을 들었다. 어떤 재료로 만들

37

었는지, 만든 모양에는 어떤 의미가 있는지, 만들면서 어떤 기분이 들었는지 말해주었다. 아이들의 이야기를 들으면 아이가 작품을 만들며 애쓴 마음과 시간이 고스란히 느껴졌다. 그 마음을 응원해주기 위해 언제나 아이들의 작품은, 잘하고 못하고를 떠나 거실 창문에 붙여 전시회를 열어주었다. 아이들은 창문에 붙은 작품을 보며 자랑스러워했다.

유치원 가방 정리로 시작하는 메타인지 연습

유치원 가방을 정리함으로써 아이들은 스스로 하루를 점검하고 준비하는 습관이 생겼다. 친구들과 더 재밌게 놀고 싶으면 어떤 걸 준비하고 가져가야 할지 스스로 고민했고, 그 과정에서 필요한 게 있으면 내게 부탁했다. 종이접기를 더 잘하고 싶어 일찍 일어나서 연습하는 시간이 늘었다. 유치원에서 배운 것들을 엄마에게 스스로 설명하면서, 더 알고 싶은 것들을 찾아 나갔다. 궁금한 건 책을 찾아보았고, 없으면 함께 도서관에 가서 빌려왔다. 아이들이 스스로 가방을 정리하다 보니, 다음 날 필요한 물건에 대해서도 자연스레 생각했다. 선생님이 말한 준비물, 챙겨가야 하는 옷, 가져가고 싶은 책이 있다면 전날 미리 가방에 스스로 챙겨두었다.

아이들이 해야만 하는 고민이 있다. 유치원이나 학교는 엄마가 다니는 곳이 아닌, 아이들이 다니는 곳이기 때문이다. 현관문을 열고 나가는 순간, 아이는 아이의 세상으로 엄마는 엄마의 세상으로 걸어간다. 아이 안에는 어떤 방향으로든 스스로 문제를 들여다보고, 고민하고, 해결할 힘이 있다. 서로의 영역을 받아들이는 스위치를 켬으로써, 아이는 온전히 자신의 문제를 마주할 힘을 얻는다.

　나에게 꼭 맞는 옷을 골라 예쁘게 입으면 기분이 좋다. 그건 남이 일일이 해줄 수 없는 일이다. 행여 남이 내게 어울리는 걸 골라주었더라도, 내 마음에 들지 않을 수도 있다. 메타인지라는 것이 거창하고 특별한 일인 것 같지만, 내일 입을 옷을 고르는 것처럼 일상적인 일이다. 아이들에게도 마찬가지다. 아이들의 생활 속에서, 각자에게 진정 의미 있는 일을 스스로 고민하는 것이다. 이러한 고민은 유치원 가방을 정리하는 사소하지만 특별한 일에서부터 시작된다.

　'오늘 어떤 게 가장 재밌었지?'

　'오늘 어떤 걸 배웠지?'

　'더 잘 만들려면 어떻게 해야 할까?'

　'내일을 더 재밌게 보내려면 어떤 걸 준비해야 할까?'

　이 질문에 대한 답을 스스로 찾아 나가면서, 아이는 자신에게 꼭 맞는 옷이 무엇인지 알아 나간다. 나는 어떤 색깔이 어울리는 사람인지, 나는 어떤 일을 할 때 즐거운 사람인지, 그리고 그걸 위해 어떤 노력을 해야 하는지는 한순간에 생기는 능력이 아니다. 일상에서 차곡차곡 쌓아가는 것이다. 아이가 그 고민을 스스로 할 수 있는 존재라는 것을 믿어줄 유일한 사람은 부모다. 기꺼이 아이에게 기회를 제공해주자. 유치원 가방을 여는 것부터 시작이다.

해냄 스위치를 켜면 혼자서도 잘하는 아이가 됩니다

해냄 스위치 ② 작은 성취 (small wins)

성취감의
빈도가 중요하다

행복은 크기보다 빈도가 중요하다는 말을 들어본 적이 있을
것이다. 인지 심리학자 김경일 교수의 말을 빌리자면, 10점짜
리 행복을 한 달에 한 번 느끼는 사람보다 3점이나 4점짜리
행복을 일주일마다 느끼는 사람이 더 행복하다고 한다. 크기
가 아닌 빈도가 행복의 중요한 요소라는 점은 아이의 성취감
에도 적용할 수 있는 말이다. 크기가 아닌 빈도로 따져본다면
아이의 하루는 어떻게 달라질까?

어린 시절 밥 로스(Bob Ross) 아저씨의 미술 프로그램을 즐
겨봤다. 커다란 캔버스 앞에서 한 손에는 팔레트, 한 손에는

41

붓 하나를 들고 쓱쓱 터치할 때마다 눈 덮인 산이, 작은 오두막 하나가, 쏟아지는 폭포가 완성됐다. 그림을 그리면서 항상 "참 쉽죠?"라는 말을 덧붙였다. 그 말을 듣는 재미가 있었다. 정말 손쉽게 근사한 그림을 완성해내는 과정을 지켜보며 '어떻게 저렇게 그리지?' 하는 궁금증이 생겼다. 그 질문의 답은 성인이 되어서야 만났다.

"재능은 지속적인 관심입니다. 무엇이든 기꺼이 연습한다면, 해낼 수 있습니다(Talent is a pursued interest, anything that you're willing to practice, you can do)."

밥 로스 아저씨가 한 말이다. 수많은 작은 하루가 쪼개지고 연습이라는 대지 위에 켜켜이 쌓인 후에야 나온 말이라는 것을 어른이 된 후에야 이해할 수 있었다. 성취감도 이런 것이 아닐까? 무엇이든 지속적인 관심을 가지고 꾸준히 하다 보면 그것이 곧 성취감과 재능이 된다. 성취감에 필요한 건 높은 IQ나 타고난 실력이 아니었다.

작은 성취가 쌓이면 재능이 된다

아무리 작은 일이라도 꾸준히 하다 보면 자연스레 쌓이게 되는 게 있다. 바로 성취감이다. 성취감은 하루아침에 쌓이지 않으므로, 매일의 '하루아침'이 필요하다. 아무리 큰 숫자라

해냄 스위치를 켜면 혼자서도 잘하는 아이가 됩니다

도 언제나 시작은 1이다. 10,000이라는 숫자를 온전히 채우기 위해선 반드시 1에서 시작해야 한다. 이 1이 바로 작은 성취(small wins)다. 하루의 작은 성취가 모여 일주일이 되고, 한 달이 되고, 1년이 된다.

나는 이 작은 성취의 작지만 강력한 힘을 직접 경험한 사람이다. 매일 나와의 약속으로 쌓는 작은 성공 경험들이 성취감이 되고, 5년이 지나자 그게 하나의 재능이 됐다. 이 재능은, 나에 대한 굳건한 믿음으로 자리 잡아 타인의 시선에서 나의 마음을 지킬 수 있는 단단한 방어막이 되었다.

나는 엄마들의 루틴을 돕는 소모임을 4년간, 그리고 꿈을 이루고 싶은 엄마들의 새벽 기상을 돕는 소모임을 2년간 운영하고 있다. 이 소모임의 가장 특이한 점은, 모든 멤버가 루틴과 새벽 기상에 성공한다는 것이다. 이 모임은 모두 무료다. 많은 돈을 들여서 참여하는 습관 프로젝트도 사람들은 번번이 실패한다. 반면에 얼핏 보면 특별할 것 하나 없는 나의 소모임이 꾸준히 성공을 거두는 이유는 무엇일까?

소모임 사람들에게 내가 줄 수 있는 한 가지는 격려라고 생각했다. 실제 변화에 성공하는 일은 누구도 대신해줄 수 없지만, 행하고자 하는 마음을 함께할 순 있었다. 매일 아침 할 수 있다는 긍정의 메시지를 보냈고, 자신을 위한 작은 성취를 이뤄낸 사람이 있다면 아낌없이 응원해주었다. 놀라운 사실은

43

격려의 말을 보낸 건 나였지만, 남에게 해주는 격려가 가장 먼저 변화시킨 것은 나 자신이라는 점이었다. 그 변화가 다시 타인에게 영향을 끼쳐 결국은 서로가 서로에게 긍정적인 격려와 자극을 아끼지 않게 되었다.

엄마는 아이의 가장 확실한 성취감 동행자다

이 과정에서 내가 가장 크게 깨달은 게 있다. 노력이 재능이 되려면 개인의 지속적인 관심과 연습이 필요하지만, 그걸 응원해주는 사람이 존재한다면 꾸준한 기쁨으로 이어갈 수 있다는 것이다. 내가 아이에게 가장 주고 싶었던 게 바로 이런 기쁨이었다. 실행해야 하는 건 아이 본인이지만, 그 과정에서 흔들리지 않는 믿음과 격려를 보낼 수 있는 사람은 바로 나였다.

"역시! 엄마는 네가 해낼 줄 알았어."

"스스로 해나가는 모습이 정말 멋져. 매일 더 멋있어지고 있구나."

4~7세 미취학 어린이가 스스로 성취감에 관한 생각을 갖기는 어렵다. 아직 충분히 연습하지 않았기 때문이다. 그렇다면 누가 해줄 수 있을까? 바로 부모다. 매일 아이와 옆에서 함께 연습할 수 있는 사람, 확신의 말과 마음을 보낼 수 있는 우

리가 있다. 그렇지만 부모가 말만 한다고 해서 아이의 성취감이 쌓이는 건 아니다. 아이도 직접 행동해야 한다. 어떻게 시작해야 할까?

나는 요리에 소질이 별로 없는 사람이다. 정확히는 요리하는 것이 그다지 재밌지 않아서 시간과 에너지를 많이 쏟고 싶지 않다. 하지만 자라나는 아이들의 건강을 생각하면, 재미가 없더라도 매일 조금씩이라도 요리하는 수밖에 없다. 만약 이런 나에게, 처음부터 '해물된장찌개'를 맛있게 끓여달라고 주문한다면 시작도 하기 싫을 것 같다. 우선 해물을 손질하는 단계에서부터 막막함이 느껴지기 때문이다. 하지만 계란말이를 해달라고 하면 어떨까? 다행히 해물된장찌개보단 진입장벽이 낮다. 달걀, 소금, 채소를 조그맣게 썰어 넣고 휘휘 저어서 프라이팬에 올리기만 하면 되겠다는 생각이 든다. 심지어 아이들과 신랑이 맛있게 먹어준다면, 다음번엔 새로운 요리에 도전할 마음도 생긴다. 모양이 흐트러졌을지라도 계란말이를 완성했다는 작은 성취를 맛보았기 때문이다.

아이들도 마찬가지다. 처음부터 아이들에게 부담스러운 주문을 하면 어떨까? '매일 한글 세 장 쓰기, 일기 한 장 쓰기, 수학 문제집 다섯 장 풀기, 알파벳 쓰기'와 같은 무리한 과제를 주면 시작하는 일조차 어렵다. 하지만 이 과정은 내가 아이의 건강을 위해 요리를 하듯이, 아이들에게도 더 건강한 어른이

45

되기 위해 꼭 필요하다. 그래서 우리에겐 '7:3 법칙', '무조건 하게 되는 계획표'가 필요하다. '7:3 법칙'과 '무조건 하게 되는 계획표'는 2장 습관 편에서 자세히 다루겠다. 이는 아이가 가진 흥미와 관심을 이용하여, 아이들이 지속할 수 있는 유의미한 일을 찾아 매일 하는 기쁨을 느끼게 하도록 돕는 실행법이다.

한 번 해보았더니 해볼 만하다는 생각이 들고, 나에게 해낼 수 있는 힘이 있음은 물론 그걸 지속할 수 있다는 믿음이 쌓이다 보면, 내일은 계란말이보다 조금 더 어려운 걸 도전해도 좋겠다는 동기가 생긴다. 그림을 잘 그리기 위해서는 동그라미를 여러 번 그리는 연습을 해야만 다음으로 나갈 수 있다는 걸 엄마가 알아야 한다. 각자가 그려야 하는 동그라미의 크기, 모양, 색깔은 아이마다 다를 것이다. 이를 이해하는 엄마의 마음이 아이들이 해내는 작은 성취를 기다리고 수용하는 힘으로 이어진다.

성취감은 누구도 아닌 바로 나를 위해 필요하다

하루는 아이가 나에게 물었다.
"엄마, 근데 왜 매일 계획표를 지켜야 하는 거야?"
하루의 계획을 아이의 수준과 흥미에 맞춰서 함께 정했더라도 아이가 하기 싫어하는 날이 분명히 있다. 어른도 매일 하는 것이 힘든데, 아이는 오죽할까? 아이에게도 당연히 어려운 일이다.

"하준아, 하준이가 창문에 붙여 놓은 '줄넘기 100개 다짐' 기억나?"

유치원을 마친 아이와 매일 줄넘기를 하며 집으로 돌아오던 때였다. 줄넘기를 해보니 몸이 생각만큼 따라주지 않는 걸 느꼈나 보다. 연습이 더 필요하다고 생각했는지, 매일 줄넘기 100개를 한다는 계획을 혼자 세웠다. 그날, 스케치북에 100까지의 숫자를 크게 적어서 창문에 다짐을 붙여두었다.

"응. 줄넘기 100개 기억나지."

"하준이가 처음에는 숫자 1만큼 줄넘기를 넘다가 어느새 10까지 채우게 되고, 매일 연습하다 보니 지금은 100까지 넘게 됐잖아."

"맞아. 그렇네! 지금 숫자도 1,000까지도 쓸 수 있어."

"우리가 매일 계획표를 세우고 지키는 이유는, 어제보다 더 멋진 내가 되기 위해서야. 우리가 매일 연습하다 보니 10도 쓰고, 100도 쓰고, 1,000까지 쓸 수 있게 된 것처럼 하준이가 하고 싶은 일을 더 잘할 수 있게 되니까. 그러려면 조금씩, 매일 하는 연습이 필요해. 엄마는 하준이가 매일매일 더 멋져지고 있는 게 보여. 하준이도 느껴?"

47

"응. 엄마. 나는 더 멋져지고 있어."

아이는 나와의 대화를 통해서 표정이 밝아졌다. 계획표를 지키는 이유는, 누구를 위해서도 아닌 바로 나 자신을 위한 일이라는 걸 알게 된 표정이었다. 이제 아이는 매일 자신이 정한 약속을 성실히 행하며 매일 '작은 성취'를 이루고 있다.

숫자를 100까지 기계적으로 적는 건 쉽다. 하지만 숫자 100을 무엇을 달성하기 위해 적는지를 결정하는 건 어렵다. 아이가 매일 줄넘기를 기록하기 위해 숫자 100까지 쓰고 싶다고 말했을 때, 나는 마음을 다해 칭찬과 격려를 해주었다. 아이가 스스로 성취하고자 하는 방향을 정했기 때문이다. 작은 성취가 쌓여야 하는 이유는, 아이가 성취감을 조금씩 저금하듯 쌓아야 하는 이유는, 이 방법만이 아이가 가고자 하는 삶의 방향을 스스로 정할 수 있는 길을 만들기 때문이다. 그 길은 부모가 만들어줄 수 없다. 부모는 그저 아이가 걸어가야 할 긴 여정을 은은하게 비춰줄 달빛 같은 존재이다. 아이가 걷다가 잠시 쉬며 하늘을 올려다볼 때, 그 위에서 변함없는 믿음과 격려를 건네는 사람이다. 나는 오늘도 아이가 쌓아가는 작은 성취의 순간을 마음을 다해 격려한다.

해냄 스위치 ③ 자존감

아이를 강하게 하는 마법의 주문 '한 판 더'

"당신은 자존감이 높나요?"

아이와 어른을 막론하고 이 질문에서 자유로운 사람은 많지 않다. 어딜 가나 자존감에 관한 이야기가 들리지만, 자존감을 높이기란 쉽지 않다. 자존감이란 무엇일까? 심리학에서는 사회학자 모리스 로젠버그(Morris Rosenberg)의 자아존중감 즉, '자기 가치에 대한 긍정적인 평가 또는 태도'라는 개념을 많이 사용한다. 자존감이 중요한 이유는 행복을 선택하는 주체가 남이 아닌 '나'이기 때문이다. 다른 사람이 아무리 나를 괴롭혀도, 내가 나를 괴롭히지 않으면 그만이다. 하루 24시간을

49

온전히 책임지는 건 바로 나이기 때문이다. 오늘 겪은 실패를 그대로 안고 잠이 들지, 홀홀 털어내고 내일 다시 시작할지 결정할 수 있는 건 다름 아닌 '나'다.

'괜찮아. 내게는 여전히 나만의 가치가 있어. 오늘 좀 실패했어도 내일 다시 시작하면 돼.'

내가 생각하는 자존감은 바로 이런 것이다. 나의 가치를 믿는 마음이다. 오늘의 나는 해내지 못했더라도 내일의 나를 믿는 마음이다. 흔들릴지언정 부러지지 않는 마음, 걷다가 중간에 쉴지언정 계속 걷고자 하는 마음이다.

우리 주변에 자존감을 높일 수 있는 다양한 방법에 대한 강의와 조언이 넘쳐난다. 이처럼 정보가 넘치는 이유는 자존감을 높이고 싶은 사람은 많지만, 생각보다 자존감이 높은 사람이 많지 않다는 반증이기도 하다. 자존감도 사람에 따라 다르게 성장한다. 나에게 맞는 자존감을 키우는 방법이 있다. '나를 있는 그대로 존중하고 사랑하는 마음'이라는 단어의 뜻 자체에 힌트가 있다.

아이에게도 아이만의 방법이 있다. 종이접기를 좋아하는 아이에게, 수학 문제집을 풀며 자존감을 높이라고 하면 어떻게 될까? 달리기를 좋아하는 아이에게, 영어 말하기를 하며 자존감을 높이라고 하면 또 어떻게 될까? 자존감 또한 해냄 스위치를 켜고 아이와 나는 독립적인 존재라는 것을 인정하

50

는 순간에서부터 시작해야 한다. 아이가 공부를 잘하는 것도 자존감을 높일 수 있는 좋은 방법이겠지만, 모든 아이가 공부를 잘할 순 없다. 공부를 잘하는 것보다 중요한 건, 설령 공부를 잘하지 않더라도 자신은 충분히 가치 있는 사람이라는 걸 아는 마음이다. 그 마음을 가진 아이는 무엇이든 시작할 수 있고, 앞을 향해 계속 걸어갈 수 있다.

아이만의 방법으로 키워지는 자존감

내가 아이들의 자존감을 높이기 위해 사용한 방법 하나는 바로 보드게임이다. 우리 아이들은 보드게임을 정말 좋아한다. 아이들과 함께 매일 하고 싶은 일을 정할 때 늘 빠지지 않고 나왔던 것이 보드게임이었다. 보드게임을 통해 얻을 수 있는 가장 큰 가치는, 수학적 개념이 아니다. '져도 괜찮다는 마음, 다시 해보고자 하는 마음, 나는 할 수 있다는 마음'을 기를 수 있다는 점이다. 수학적 개념은 이 마음 뒤에 덤으로 따라오는 부차적인 문제다.

하준이가 네 살, 하윤이가 두 살 때부터 저녁 시간이면 온 가족이 옹기종기 모여 보드게임을 했다. 처음에는 아이가 쉽게 할 수 있는 단순한 게임에서 시작해, 지금은 승패가 확실하게 갈리는 보드게임을 즐겨 한다. 아이와 매일 보드게임을 한다고 하면, 엄마들이 항상 묻는 질문이 있다.

"애가 지면 어떻게 해요? 울고불고 난리가 나요. 그래서 더는 못하겠더라고."

우리집이라고 이 고민을 피해갈 수 있었을까? 절대 아니다. 아이들은 보드게임에서 지면 당연히 운다. 분해서 씩씩거리고, 억울해서 터져 나오는 눈물을 그치지 못한다. 심지어 하지도 않은 반칙을 했다고 꼬투리를 잡으며 짜증을 내기도 한다. 그럼에도 불구하고 신기한 점은 언제나 '한 판 더'를 외친다는 것이다. 바로 이 '한 판 더'에서 아이들의 자존감이 쌓이기 시작한다. 내가 보드게임을 하는 이유도 바로 여기에 있다. 분해서 씩씩거리고, 억울해서 눈물을 펑펑 터트리지만 '한 판 더'를 통해 아이는 다음번에는 다를 수 있다는 걸 배운다.

이 '한 판 더'를 끌어내기에 좋은 게임이 있다. 아이들이 좋아하는 보드게임 중 '스머프 사다리 게임'은, 숫자 100까지 먼저 도착하는 사람이 이기는 게임인데, 100까지 도달하기 위해 다양한 변수를 지나야 한다. 잘 나가다가도 미끄럼틀을 타고 떨어질 수도 있고, 작은 숫자였지만 사다리를 타고 한 번에 큰 숫자로 올라갈 수도 있다. 앞서다가도 가가멜 카드에 '꼴찌와 자리 바꾸기'가 나오면 전세가 역전되기도 한다(여기서 가가멜 카드란 다양한 변수가 적힌 지령을 뜻한다). 보드게임에서 지고 있는 아이는 시무룩한 표정을 짓고, 툴툴거리며 볼멘소리를 한다.

52

"엄마가 이기고 있네."

"하준이한테 사다리가 나올 수도 있고, 엄마가 가가멜 카드를 뽑을 수도 있잖아. 아직 모르는 거야."

아이는 지고 있었지만, 보드게임에 있는 다양한 변수들인 미끄럼틀, 사다리, 가가멜 카드로 결국 이기게 된 경험이 많아졌다. 반대로 이기고 있다가도 엄마나 아빠에게 진 경험도 쌓였다.

"끝날 때까지 끝난 게 아니다. 중간에 그만두지 않으면 된다."

우리가 이 보드게임을 하면서 서로에게 가장 많이 하는 말이다. 이제는 앞서가다 긴 사다리를 만나 적은 숫자로 미끄러져 내려오게 되었을 때도, 서로에게 "괜찮아. 다음번 기회가 있을 거야."라고 말해주게 되었다. 아이는 보드게임을 통해 '다시 시작할 힘'을 차곡차곡 쌓아가고 있었다. 다시 말해, 행복을 선택하는 주체인 자신에 대한 긍정성을 쌓고 있다는 의미이기도 했다.

자존감이 채워지면 남을 위한 공간도 생긴다

하루는 아이와 '할리갈리'를 하고 있었다. 이젠 내가 진심으로 임해도 아이가 이기는 날이 많아졌다. 아이가 계속 종을 치며 카드를 가져가자 내가 투덜대며 말했다.

"하준아, 하준이가 자꾸 가져가니까 엄마가 속상하네. 엄마가 질 것 같아."

"엄마, 마음이 너무 급해서 그런 거야. 숫자를 찬찬히 봐봐. 숫자를 천천히 보고 집중하면 잘할 수 있어."

보드게임 3년 차, 아이의 마음에 하나의 공간이 생겼음을 느꼈다. 자신에 대한 믿음이 쌓이자 다른 사람을 볼 수 있는 공간이 생긴 것이다. 다음 순서에 내가 종을 재빨리 치고 카드를 가져가자 아이가 다시 한번 말했다.

"엄마, 어때? 이제 잘 되지? 잘할 수 있잖아!"

아이는 내가 카드를 먼저 가져갔음에도 행여 자신이 질까 봐 불안해하지 않았다. 오히려 나를 격려해주었다.

아이는 유치원에서도 친구들과 보드게임을 즐겁게 한다. 자기보다 '할리갈리'를 잘하는 친구가 있다고 흥분하며 말한다. 그 친구는 '할리갈리'를 잘하지만, '다람쥐 정원'은 본인이 더 잘할 수 있다고 말한다. 또 중요한 건 이기고 지는 것보다, 친구들이랑 재밌게 노는 것이라고 말한다. 내가 자주 해주었던 말이다. 이러한 마음은 힘든 길을 계속 걸어 나가야 할 때, 새로운 것을 시도해야 할 때, 유달리 친구와 속상한 일이 있었던 날에 다시 시작할 힘을 끌어낸다.

아이가 줄넘기를 좋아한다면, 줄넘기를 함께 해보자. 아이가 달리기를 좋아한다면, 달리기를 함께 해보자. 자존감은 아이만의 방식으로 쌓아갈 수 있다. 그 과정에서 엄마와 함께 '한 판 더'를 연습하길 바란다. 기억해야 할 것은, 아이가 좋아하는 분야로 시작하더라도 처음에는 당연히 잘하지 못하리라는 것이다. 생각이나 마음만큼 되지 않는 처음이 존재한다. 그럴 땐 이렇게 말해주자.

"처음엔 누구에게나 연습이 필요해. 시작했다는 게 멋진 거야."

"해보지 않으면 알 수 없어. 중요한 건 꾸준히 해보는 거야."

"연습하다 보면 조금씩 달라지는 나를 느낄 수 있어."

"계속 시도해봐도 어려울 수 있지. 그건 그만큼 네가 자라고 있다는 신호야."

아이는 이런 경험을 통해 자신을 믿게 되고, 계속해서 자신의 방향으로 걸어갈 수 있다. 그리고 그 방향대로 걷다 보면, 아이는 어느새 단단하게 쌓인 자존감으로 다른 사람의 실수를 포용해줄 수 있게 된다. 자존감이 아름다운 이유다. 나의 마음의 여유로 다른 사람까지 껴안을 수 있는 공간을 만들 수 있다. '한 판 더'를 두려워하지 말자.

수용과 독립의 씨앗을 품은 엄마 데이

우리집에는 특별한 날이 많다. '주인공 데이', '스포츠 데이', '가족 책 발표 데이'가 대표적이다.

구체적인 실천 방법은 3장과 4장에서 자세히 소개하겠으나, 간단히 설명하자면 주인공 데이는 아이들이 하루씩 돌아가며 주인공이 되는 날이고, 스포츠 데이는 토요일마다 나가서 운동하는 날이다. 그리고 가족 책 발표 데이는 가족끼리 모여서 책을 읽고 생각을 말하는 날이다. 이런 날에 굳이 '데이'라는 이름을 붙인 이유가 있다. 바로 우리만의 특별한 의미를 부여하기 위해서이다.

김춘수 시인의 시 〈꽃〉의 한 구절이다.

'내가 그의 이름을 불러주기 전에는 / 그는 다만 / 하나의 몸짓에 지나지 않았다. // 내가 그의 이름을 불러주었을 때, / 그는 내게 와서 / 꽃이 되었다.'

평범함에 의미를 부여한다는 건, 마치 꽃이 되는 일과 같다. 매일 반복되는 일상에 아무 의미도 부여하지 않는다면 지루하고 나태해진다. 하지만 매일 반복하는 일이라도 특별한 의미를 부여하고 나면, 더 이상 지루한 일이 아니다. 아이들에게 특별한 날을 정해서 우리집만의 문화로 만든 이유는, 우리가 하는 일들은 우리에게 아주 소중하고 특별한 일이라는 의미를 담기 위해서였다. 우리 가족만이 피워낼 수 있는 꽃을 만든 것이다.

주인공 데이를 통해 아이들은 소유와 양보의 개념을 배웠고, 스포츠 데이를 통해서는 마음껏 뛰어노는 날을 보장받았다. 가족 책 발표 데이는 여러 번 시도해보고, 고민을 경험하기 위해 만든 날이다. 이날은 마이크를 들고 어떤 생각이라도 말해도 된다. 의미를 부여하는 힘은 실로 놀랍다. 의미가 생김으로써 감정도 함께 따라오기 때문이다. 더 잘하고 싶다는 마음, 소중하다는 마음, 그렇기에 지키고 싶다는 마음이 피어오른다. 이제 아이들은 누구보다 우리만의 특별한 날을 지키고 싶어 한다.

아이가 엄마에게 켜는 해냄 스위치

그날도 스포츠 데이를 마치고 온 날이었다. 땀에 흠뻑 젖도록 축구를 하고, 줄넘기 50개를 한 번에 넘기 위해 수많은 연습을 하고, 운동장을 힘껏 달렸다. 식탁에 둘러앉아 아이들이 가장 좋아하는 탕수육을 시켜서 먹었다. 그러다 문득, 하준이가 이런 말을 했다.

"엄마. 그런데 왜 엄마 데이는 없어? 하윤이랑 내게는 주인공 데이가 있는데, 왜 엄마 아빠에게는 없지?"

생각지도 못한 아이의 말에 깜짝 놀랐다. 아이들의 주인공 데이는 매일 챙기면서, 정작 나의 데이를 만들 생각은 하지 못했다.

"그러게. 진짜 그렇네. 엄마도 생각을 안 해봤어!"

"그럼, 토요일은 엄마 데이하고, 일요일은 아빠 데이 하면 어때?"

"엄마 아빠는 주인공 데이에 뭐 하고 싶어?"

아이들의 말에 신랑과 나는 서로의 얼굴을 마주 보았다. '내가 하고 싶은 일'을 아이들에게 말하는 것이 익숙하지 않다는 것을 깨달았다.

"엄마는 토요일에 공부하고 싶어. 책을 읽고 글 쓰는 걸 좋아하거든. 그래서 하준이 하윤이가 읽는 책처럼, 좋은 책을 써

58

보고 싶어."

"책을 쓴다고? 이런 책을 엄마가 만드는 거야?"

아이들은 식탁 위에 놓인 책 하나를 집어들면서 말했다.

"응. 글을 써서 책으로 만든 사람을 작가라고 하는데, 엄마는 작가가 되고 싶어. 그냥 작가 말고, 좋은 작가."

아이들은 사뭇 놀라는 눈치였다. 엄마는 이미 어른이라서 하고 싶은 걸 다 하는 사람처럼 보였는데, 꿈이라는 단어를 엄마와 함께 떠올려보지 않은 것 같았다. 하준이는 내 말을 듣고 잠시 고민하더니, 이렇게 말했다.

"엄마, 좋은 작가가 되는 방법이 있어. 책이 재밌어야 해. 사람들은 책이 재밌어야 좋아해."

아이의 말을 듣고 웃음이 터져 나왔다. 웃음이 터져 나온 이유는 아이의 시선이 담긴 분석이 제법 날카로워서였고, 한 편으론 엄마의 꿈을 진지하게 생각해주는 마음이 고마우면서 민망하기도 했기 때문이다. 엄마의 꿈을 말하는 자리가 그만큼 익숙지 않았다.

우리 가족에게 특정 '데이'가 중요했던 것은, 가족 모두가 지켜야 하고 꾸준히 반복해야 한다는 속뜻이 숨어 있었기 때문이다. 아이가 먼저 제안한 엄마와 아빠를 위한 데이는 그렇기에 더 특별했다. 그동안 아이를 온전히 받아들이기 위해 애썼던 수용의 마음을 이제 아이가 내게 보이기 시작했다. 아이

59

가 나를 온전히 받아들이기 위해 노력한다. 아이도 엄마에 대한 수용의 해냄 스위치를 켠 것이다.

엄마에게도 시간이 필요하다는 것을 아이들이 알아주기까지

아이들이 어렸을 때부터 육퇴(육아 퇴근) 시간을 손꼽아 기다렸다. 그 시간만큼은 온전한 나의 시간이고, 내가 하고 싶은 걸 할 수 있는 시간이기 때문이다. 나는 5년 전부터 육퇴 시간을 이용하여 나만의 루틴을 시작했다. 읽고 싶은 책을 읽고, 떠다니는 생각의 조각들을 적어보고, 운동을 하고, 영어 공부를 했다. 첫째만 있을 때는 육퇴 시간이 제법 보장되었지만 둘째 하윤이가 태어나면서 다시 오지 못할 시간이 된 것 같았다. 하지만 나에게는 이 혼자만의 시간이 간절했다. 그래서 2년 전, 새벽 4시 기상을 시작했다. 분명 나와 같은 엄마가 있을 것 같아서 도와주고 싶은 마음도 일었다. 새벽 기상 소모임은 새벽 기상 카페로까지 이어졌다. 소모임이나 카페를 운영하는 건 절대로 쉬운 일이 아니다. 하지만 나는 그 쉽지 않은 일을 기꺼이 할 만큼, 나의 시간을 보장받길 원했다.

내가 이렇게 새벽 기상 카페를 만들면서까지 이른 새벽을 선택했던 이유는, 아이들과 보내는 시간과 나의 시간이 맞물

60

리면 안 된다고 생각했기 때문이다. 내가 좋아하는 일을 아이들의 시간 속으로 끌어들이면 안 된다고 은연중에 생각했다. 그런데 신기하게도 이제는 아이들이 먼저 말한다. 엄마가 하고 싶은 건 무엇인지, 그 시간을 위해 무엇이 필요한지, 아이들은 자신들의 시간 속에 나의 시간을 기꺼이 포개주었다.

수용은 결국 독립으로 이어진다

엄마 데이를 정한 뒤, 우리들의 토요일 모습은 조금 바뀌었다. 나는 토요일 오전을 나만의 시간으로 보낸다. 아침 일찍 일어나서 책을 읽고, 글을 쓰고, 영어 공부를 하고, 배우고 싶은 강의를 듣는다. 아이들은 토요일 아침에도 여전히 일찍 일어난다. 일어나서 내 방문을 열고 고개를 빼꼼 내밀며 다정한 아침 인사를 건넨다. 예전 같으면 아침에 일어나자마자 함께하고 싶은 보드게임이나 놀잇거리를 들고 왔을 것이다. 그런데 지금은 내가 공부하는 모습을 보면 살며시 방문을 닫고 나간다. 혹은 내 옆에서 하고 싶은 걸 가지고 조심스레 들어온다. 옆에서 같이 책을 읽거나, 종이접기를 하거나, 그림을 그린다. 혹시 내가 강의를 듣고 있으면 침대 뒤편에 앉아 사과를 먹으면서 함께 본다. 자신의 이야기를 더하거나, 방해하지 않고 온전히 엄마의 시간이 될 수 있도록 협조한다. 자신들이 먼

61

저 말한 엄마 데이를 보장해주기 위해 가장 노력하는 사람은 기특하게도 아이들이다. 내가 오전 시간을 보내고, 방문을 열고 거실로 나가면 아이들이 말한다.

"엄마. 공부 잘했어? 재밌었어?"

"응. 하준이랑 하윤이 덕분에 잘했지. 너무 재밌었어. 정말 고마워."

일요일 오전도 마찬가지다. 일요일 오전은 아빠의 시간이다. 그리고 나서 아이들과의 시간이 시작된다. 스포츠 데이를 하기 위해 나가거나, 주말 나들이 준비를 시작한다.

수용을 경험한 아이들은 다른 사람을 수용하는 힘을 가지게 된다. 수용이란 결국 존중이고, 존중은 나아가 서로의 독립으로 이어진다. 우리는 서로를 존중하기에 서로의 독립된 시간을 인정한다. 놓아주는 건 엄마만의 역할이 아닌, 서로의 역할이다. 그 바탕에는 아이들을 온전히 받아들였던 정서적 지지가 있다. 내가 아이들의 꿈을 응원하는 것만큼이나 나의 시간을 응원해주는 아이들의 모습. 수용의 힘으로 만들어지는 특별한 모든 날들에 새삼 감사하다.

해냄 스위치를 켜면 혼자서도 잘하는 아이가 됩니다

"엄마, 약은 15밀리리터 타 먹으면 되지?"

하준이가 냉장고에서 항생제 10밀리리터를 꺼내 물약 5밀리리터와 가루약을 투약병에 따라서 먹는다. 물론 처음부터 능숙하게 약을 타서 먹었던 것은 아니다. 처음엔 가루약을 흘리기도 하고, 눈금보다 넘치게 약을 넣기도 하고, 물약을 넣다 바닥에 쏟는 일이 다반사였다. 시키는 게 오히려 고생인 일을 굳이 시작한 이유가 있다면, 아이들에게 알려주고 싶은 게 있었기 때문이다.

환절기마다 손님처럼 찾아오는 감기로 인해 아이들은 지

63

금도 자주 약을 먹는다. 아이들에게 매번 약을 타서 주면 놀다가 책상 위에 올려두고 홀연히 사라지는 일이 비일비재했다. 약은 엄마 아빠를 위해 먹는 것이 아니라, 자신들의 건강을 위해 먹는 일이라는 것을 알려주기 위해 스스로 약을 타게 했다. 약봉지에 투약 용량이 적혀 있고, 약병에도 숫자 눈금이 표기되어 있기 때문에 덧셈만 도와주면 다섯 살 하윤이도 충분히 혼자서 약을 챙겨 먹을 수 있었다.

아이들이 알아서 약을 먹기 시작하자 변화가 생겼다. 저녁을 먹고 스스로 약봉지에서 약을 꺼내 먹는 일이 많아졌다. 무엇이 이런 변화를 이끌었을까? 아이들에겐 '살꾸긍핏'이라는 우리집 모토가 마음에 새겨져 있기 때문이다.

살꾸긍핏, 1부터 쌓아가는 자기주도

'살꾸긍핏'은 '살살, 꾸준히, 긍정적으로, 나에게 맞게(fit)'라는 뜻이다. 우리집의 가장 중요한 양육 모토이자, 내가 4년째 운영 중인 루틴 소모임의 하루 모토이기도 하다. '살꾸긍핏'은 자기주도를 이끄는 태도다. 자기주도는 살살, 꾸준히, 긍정적으로, 아이들에게 맞는 방식으로 진행되어야 한다.

하루는 아이가 이런 말을 했다.

"엄마, 아무리 큰 숫자라도 1부터 시작해야 해. 1이 쌓여야

해냄 스위치를 켜면 혼자서도 잘하는 아이가 됩니다

큰 수가 만들어지는 거야."

"맞아, 하준아. 처음부터 잘하는 사람은 없어. 누구에게나 1이 필요해. 스스로 하는 모든 일은 1부터 시작되는 거야."

아이와 평상시에 1부터 차근히 쌓는 마음에 관한 이야기를 많이 나눈다. 그런데 아이가 즐겨보는 영어 영상인 〈넘버블록스(Number blocks)〉에 마침 이런 대사가 나왔다.

"나는 정말 크고 거대한 100이지만, 1로 이루어져 있어. 네가 없다면, 나는 없지."

그리고 나서 1이 촘촘히 쌓여 100이 만들어지는 모습이 펼쳐진다. 나와 아이들이 수백 번을 돌려본, 가장 좋아하는 장면이다. 아이는 이 장면을 보며 1을 쌓는 것에 대해 생각한다. 아주 작은 숫자 1이지만, 이 숫자 1이 쌓여야 비로소 수많은 숫자가 만들어진다. 이는 '살꾸긍핏'의 자세로 하루하루를 쌓다 보면 완성할 수 있는 크고 의미 있는 일들을 유추하게 한다.

'자기주도'의 시작은 1부터 쌓아도 괜찮다는 마음에서 비롯된다. 그 마음이 '스스로' 하는 행동을 이끈다. 그리고 그 행동은 생활 전반에서 이루어진다. 스스로 할 수 있는 모든 일상에서 자기주도의 빛이 뻗어나간다. 양말 신기, 옷 고르기, 유치원 가방 정리하기, 분리수거와 같은 생활 속에서 연습한 자기주도의 힘은, 자신의 감정을 스스로 해결해야 하는 숫자 100과 같은 일들을 할 수 있게 해준다. 내 감정을 다른 사람의

65

탓으로 넘기지 않고 자신의 문제로 가지고 와서 마주 볼 용기를 준다. 그리고 나아가 책상에 앉아 더 나은 자신을 만들기 위해 공부할 수 있는 강력한 동기를 부여한다.

모든 아이에겐 스스로 하고 싶은 마음과 그걸 해낼 힘이 있다. 그 기회를 살살, 꾸준히, 긍정적으로, 아이에게 맞는 방식으로 제공해주자. 모든 건 1부터 쌓는 것이라는 믿음을 심어주자. 1부터 쌓아도 괜찮다는 마음으로 아이를 지켜봐주자. 나는 아이들에게 스스로 선택하는 기회를 주고 연습할 수 있도록 생활 속에서 다양하게 노력했다. 아이들이 혼자서 할 수 있는 일들은 언제나 아이들의 몫으로 남겨두었다. 자기주도는 시간을 정해두고 키우는 역량이 아니다. 아이들은 아침에 일어나서 잠드는 순간까지 '살꾸긍핏'의 태도로 자기주도적인 하루를 보낸다.

자기주도는 작지만 꾸준한 순간이 모여 완성되는 힘

아이들의 자기주도는 아침 메뉴를 스스로 선택하는 것에서부터 시작된다. 우리집에는 아침 메뉴판이 있다. 나나 신랑이 출근하기 전에 만들 수 있는 음식들로 아이들과 조율해서 최종 메뉴를 선정했다.

'유부초밥, 주먹밥, 김밥, 국과 밥, 돼지국밥, 만두'

해냄 스위치를 켜면 혼자서도 잘하는 아이가 됩니다

아이들은 아침에 일어나면 가장 먼저 이 메뉴 중 한 가지에 자신의 이름이 적힌 자석을 붙인다. 그리고 타이머로 스스로 정한 시간에 맞춰 놀이를 하거나 자유시간을 보내고, 아침을 먹는다. 입고 싶은 옷을 옷장에서 골라 스스로 입고, 로션을 바르고, 유치원에 갈 준비를 마친다. 남은 시간 동안 과일을 먹고 책을 읽는다.

우리 부부가 아침에 할 일은 아이들이 고른 아침을 준비하고, 과일을 깎아주는 일이다. 나도 출근으로 필요한 시간을 충분히 가진다. 우리에겐 '등원 전쟁'이라고 불리는 아침 풍경이 없다. 모두 스스로 할 수 있는 일들을 해내고 있기 때문이다. 그리고 난 늘 아이들에게 고맙다는 말을 전한다. 스스로 해내고 있다고 해서, 당연한 일들은 아니기 때문이다.

저녁 시간에도 아이들의 자기주도는 이어진다. 밖에서 돌아오면 가장 먼저 옷을 탈의하고 세탁기 안에 넣어둔다. 목욕 후 스스로 로션을 바르고 머리를 말린다. 각자 입고 싶은 편한 잠옷을 골라서 입은 뒤 유치원 가방을 혼자서 정리하고, 유치원에서 담아온 세 가지 정보를 나에게 설명해준다. 더 알고 싶은 것들에 대해선 물어보거나 요청한다. 내일 가져가야 할 준비물이나 읽고 싶은 책을 미리 챙겨두기도 한다.

그 후 가족들과 함께 저녁을 먹는다. 서로 조율이 필요한 부분이 있다면 저녁을 먹으며 가족회의를 한다. 학원, 공부,

친구, 유치원 행사 등 아이들이 주체인 분야는 어른들이 결정해서 통보하지 않는다. 아이들에게 의견을 물어보고 가장 좋은 방향을 협의한다.

저녁을 먹은 뒤엔 하루 계획표를 가지고 와서 스스로 할 일을 시작한다. 계획표를 쭉 훑어보고 먼저 하고 싶은 일들을 시작하고, 혹시 오늘 다 못할 것 같으면 내일 아침에 해야 할 일로 넘긴다. 자기 전엔 계획표를 점검한 후, 100원을 받는다. 오늘 하루도 최선을 다했기에 받는 용돈이다. 100원 달력을 체크하고, 자기 이름이 적힌 저금통에 100원을 넣는다. 아이

| 아이들이 주도적으로 선택하는 우리집 아침 메뉴판 | 저녁마다 각자의 이름이 적힌 웨건에 읽고 싶은 책을 주도적으로 담는 아이들의 모습 |

해냄 스위치를 켜면 혼자서도 잘하는 아이가 됩니다

들은 저금을 통해 사고 싶은 것, 선물하고 싶은 것들을 생각하고 계획한다. 그 안에 언젠가 프랑스로 여행 가고 싶다는 꿈도 함께 담는다.

잠들기 전에는 '집 도서관'에서 책을 골라 방으로 들어간다. 아이들이 어렸을 때부터 하나씩 모은 책들이 꽤 많아져서 지금은 벽면 하나를 가득 채운 '집 도서관'이 되었다. 아이들과 도서관에서 책을 빌려보며 좋았던 단행본과 전집들을 사모으며 함께 꾸민 공간이다. 그래서인지 아이들이 어느샌가 이 공간을 '집 도서관'이라 부르기 시작했다. 이 도서관을 더 즐겁게 만들어주는 우리집만의 비밀이 하나 더 있다. 바로 자신들의 이름표가 붙은 작은 웨건을 제공한 것이다.

이 웨건에 아이들은 그날 읽고 싶은 책을 직접 골라 담는다. 책을 읽는 것에도 아이들에게 선택권을 주었다. 어떤 것을

'집 도서관' 북카트 '라디오 플라이어 키즈 웨건'

69

좋아하는지, 어떤 것을 더 알고 싶은지, 어떤 것을 읽을 때 행복한지 알 수 있는 건 자기 자신이라는 걸 알기 때문이다. 잠자리 독서 시간을 가진 뒤, 잠들기 전 잊지 않고 서로에게 "사랑해", "고마워", "자랑스러워"라는 말을 전한다. 나는 당연하지 않은 것들을, 스스로 하고자 한 아이들이 언제나 마음 깊이 자랑스럽다. 그렇게 아이들은 주도적으로 1을 쌓는 하루를 마무리한다.

이 모든 과정을 다섯 살, 일곱 살 아이들이 스스로 해낸다. 유치원 상담 때 선생님께서 '내면의 힘이 단단한 아이, 무엇이든 스스로 해내고자 하는 아이, 감정을 스스로 해결하는 법을 아는 아이'라는 말씀을 해주셨다. 1부터 쌓아올린 힘이, 다른 곳에서도 발휘되고 있음을 느낄 수 있는 말이었다. 이처럼 주도성이란 하루아침에 만들어지진 않는다. 하지만 해냄 스위치를 켜고 아이의 선택을 수용해주다 보면, 아이들은 자신이 가진 능동성을 차곡차곡 키워나간다.

자기주도의 진짜 이름은 다름 아닌 존중

새벽 기상을 시작한 뒤로, 이른 아침에 일찍 일어난 아이를 마주치곤 했다. 아이는 이미 엄마가 새벽에 일어나 무언가를 하고 있다는 걸 알았다. 일찍 일어날 때마다 책을 읽거나, 글

70

을 쓰는 엄마 옆에 앉아 종이접기를 하거나 계획표에 적힌 일들을 가져와서 함께하기 시작했다. 아마 그 시간이 좋았나 보다. 언제부턴가 아이도 5시 30분, 6시에 일어나는 일이 잦아졌다. 그 시간이 하루, 일주일, 한 달이 넘어가며 아이의 새벽 기상이 시작되었다.

아이의 새벽 기상이 고정되자, 서로의 할 일에 관해 이야기를 나누는 시간이 필요했다. 아이에게도 새벽은 엄마가 집중해야 하는 시간이라는 것에 대해 양해를 구했다. 아이는 흔쾌히 들어주었다. 내가 거실에 앉아 글을 쓰는 동안, 아이는 거실에 있는 자신의 책상에 앉아 문제집을 풀거나, 책을 읽거나, 종이접기를 했다. 아이는 아침에 미리 할 일을 해두면 저녁에 여유 시간이 늘어난다는 것을 경험하더니, 일찍 일어나는 것을 선택하기 시작했다.

우리는 그 시간을 '존중의 시간'이라고 불렀다. 예전엔 아이가 너무 늦게 잠들거나 너무 일찍 일어난다는 이유로 마음이 조급했던 적이 있다. 나에게 보장된 시간이 그만큼 줄어들고 있다고 생각했기 때문이다. 하지만 지금은 다르다. 누군가가 포기하고 희생해야만 시간을 만들 수 있는 게 아니라는 걸 안다. 엄마가 먼저 켠 스위치를, 아이도 엄마에게 켠다. 우리는 서로에게 스위치를 켜서, 서로가 가진 몫을 그대로 받아들인다. 진정한 자기주도는 자기주도에서만 끝나는 것이 아니었다. 자기주도가 가져온 변화의 진짜 이름은 다름 아닌 '존중'이었다.

이제 아이들은 완벽한 것보다 중요한 건 1을 쌓는 것이란 걸 안다. 그 1이 쌓여 만들어진 숫자들을 나와 아이는 경험했다. 아이는 이제 스스로 해냄 스위치를 켰다. 그 스위치는 가장 먼저 자신을 받아들이고, 나아가 다른 사람을 받아들일 힘을 만들었다. 아이는 그 힘으로 멈추지 않고 걸어갈 것이다. 아이가 걷는 길에서 마주할 풍경들에 기쁨만이 있진 않을 걸 안다. 때론 실패하고 좌절하겠지만, 그 여정을 흔들리지 않는 믿음으로 지켜볼 사람이 나여서 기쁘다. 우리는 설명할 수 없는 수많은 확률을 지나 서로를 만나게 되었다. 내가 '엄마'였기에 가능한 일이었다. 엄마이기에 아이와 함께 걸을 수 있는 이 길에 마음 깊이 감사하고 감동한다.

해냄 스위치를 켜면 혼자서도 잘하는 아이가 됩니다

2장.

혼자서도 잘해내는 아이를
만드는 습관 근육

습관 잡기보다 중요한 건 방향 잡기

작심삼일. 단단히 먹은 마음이 사흘을 가지 못한다는 뜻으로, 결심이 굳지 못함을 뜻하는 말이다. 엄마가 단단히 마음을 먹어도, 왜 아이 습관은 이토록 잡기가 힘든 것이고 되레 관계만 틀어지게 되는 걸까? 바로 '왜'와 '어떻게'라는 질문에 대한 답이 없이 시작하기 때문이다.

처음 아이의 습관을 잡아주려 할 때, 가장 중요한 건 습관을 '왜' 잡으려는지에 대한 고민과 '어떻게' 잡아야 하는지에 대한 방향 설정이다. 왜 습관을 들이려는지 알지 못하고 방향 또한 잘못 설정되어 있으면 애써 잡았다 싶은 습관도 쉽게 무너져버린다. 이 두 가지 물음에 대한 해답을 분명하게 세우고 나면, 엄마가 시키지 않아도 아이가 저절로 습관을 들이게 된다.

첫째, 습관은 '왜' 필요한가?

어떤 일을 시작할 때는 근본적으로 '왜?'라는 질문부터 던져야 한다. 습관을 형성하기 전 부모의 역할이 중요한 이유는 이런 근본적인 질문에 진지하게 답을 할 사람이 부모밖에 없기 때문이다. 아이들은 습관의 중요성을 깨달을 만큼 경험이 많지 않다. 그리고 무엇보다 유아기의 습관이란 당위성 때문에 움직이는 게 아닌, 자연스럽게 체화되는 것이기 때문이다. 나는 이 질문에 대해 치열하게 고민했다. 5년 동안 습관을 잡는 삶 속에 풍덩 빠져서 나는 물론이고 다른 사람의 습관 형성을 도와주기 시작하면서부터는, 그 질문에 대한 답이 더욱 명확해졌다. 습관은 더 나은 내가 되기 위한 발판이 되기 때문에 필요한 것이다. 그 발판 없이는 더 나은 내가 되기 위한 과정으로 나아가지 못한다.

더불어 아이에게 어떤 유산을 남겨주고 싶은지도 생각해 보자. 부동산, 주식, 건물 등 값비싼 재물을 남겨주는 것도 물론 가치가 있다. 자본주의 사회에서 돈이란 내가 이루고 싶은 일의 선택지와 실현 가능성을 높여주며, 이에 필요한 시간이라는 귀한 가치를 벌게 해준다. 하지만 재물을 물려주는 일보다 중요한 건 태도를 물려주는 일이다. 태도는 자신에게 주어진 상황에서 최선의 것을 찾아 나갈 수 있는 의지, 시간이라는 가치의 무게를 알고 실행하는 마음이다.

잠시 눈을 감고 아이에게 '왜' 습관이 중요한지를 생각해보자. 나의 답은 이랬다. 나는 아이가 습관을 통해 능동적이고 적극적으로 본인의 삶을 꾸려가길 원했다. 삶이라는 넘실거리는 파도가 아이를 자주 덮칠지라도, 그 파도를 적극적으로 넘어갈 힘을 가지길 원했다. '왜'라는 질문에 대한 답이 나오자, 그걸 어떻게 하면 키워줄 수 있을지에 대한 고민으로 비로소 이어질 수 있었다. '왜'가 행동의 이유가 된다면, '어떻게'는 행동의 방향이 된다. 습관이 더 나은 삶을 위한 발판이라는 것을 알았다면, 어떤 방향으로 가야 내가 생각하는 '왜'라는 질문의 대답과 가까워질 수 있을지 고민해야 한다. 이에 대한 나름의 해답이 없는 부모는 자주 흔들린다. 내 아이의 말보다 주변의 평가에 귀를 기울이고, 내 마음의 목소리보다 주변의 말에 힘을 싣는다. 내 아이의 말을 정확히 듣기 위해, 흔들리지 않는 마음으로 굳건히 서기 위해선 나만의 답이 있어야만 한다. 그래야 습관이라는 큰 산을 아이와 함께 넘을 수 있다.

둘째, '어떻게' 방향을 정할까?

공부는 아이가 본인의 삶을 잘 살아가기 위한 필수적인 요소다. 필수적이라는 말은 잘해야 한다는 말이 아니라, 공부라는 산을 끈기 있게 넘어본 경험이 있어야 한다는 말이다. 공부는 남이 대신 해줄 수 없다는 걸 우리는 안다. 공부란 자신이 계획하고, 일정한 시간 동안 집중해서, 자기 점검과 자기 성찰을 복합적으로 일으켜야 하는 종합적인 도전이기 때문이다. 한번 이 도전에 성공해본 아이는 해보지 않은 아이와 당연히 다를 수밖에 없다. 성장과 고통이라는 큰 파도를 넘었기 때문이다. 그런데 이 파도를 자연스럽게 넘기 위해선 아이들이 습관을 잡기 전 '어느 쪽으로' 갈지 길이 먼저 정해져야 한다. 오로지 성적만을 방향성에 두고 습관을 잡으려고 하면 자주 무너지고 실패할 수밖에 없다. 1등은 결국 한 명뿐이기 때문이다. 나는 습관의 방향을 성적이 아닌, 말 그대로 학습(學習)하는 것에 두었다. 학습이란 배우고 익힌 것을 자신만의 것으로 자기화시키는 과정이다. 이 자기화의 과정이 잘 일어나기 위해선 영유아 시기부터 가정에서 연습해야 하는 것들이 있다.

우리 집에선 아이들의 습관을 잡기 위해 아래 다섯 항목을 꼭 지켰다. 아이들이 스스로 할 수 있는 힘이 생긴 네 살부터 시작했다.

77

첫째, 내가 먹을 식기(수저, 그릇, 컵)는 스스로 가져오기

둘째, 내가 먹은 음식은 스스로 정리하기

셋째, 내가 만든 쓰레기는 스스로 치우기

넷째, 양말 · 신발 · 옷은 스스로 입고 빨래함에 넣기

다섯째, 용변은 스스로 해결하기

'고작 네 살이 이걸 모두 할 수 있다고?' 싶은 의구심도 들 겠지만, 신기하게도 우리 아이들은 모두 해낼 수 있다. 아이가 해낼 수 있도록 필요할 때까지 방법을 설명하고, 보여주고, 충분한 기회를 제공해주기만 하면 된다. 자기가 먹을 식기를 직접 가져오고, 자기가 먹은 음식도 스스로 정리하고, 자기가 만든 쓰레기는 알아서 처리하고, 자기가 입을 옷을 스스로 정하고 입은 아이에게만 피어오르는 마음이 있다. 바로 누군가가 이것을 대신해주었을 때 느끼는 '감사함'이다. 직접 해보니 시간이 들고 어려운 일이라는 것을 알기에, 부모가 이 일을 대신해줬을 때 고마움을 느낀다. 엄마가 해주는 게 당연한 것이 아니란 걸 알게 된다. 아이가 자기가 먹고, 입고, 만든 것들을 선택했다는 건, 아이에게 그만한 책임을 지운다는 말이기도 하다. 아이가 책임감을 느낄 때에야 그 책임감을 어떻게 다뤄야 할지 조절하기 시작한다.

나는 이것이 습관 이전에 형성되어야 하는 방향성이라고

믿는다. 어릴 적부터 이걸 고민하고 조절한 경험이 있는 아이는, 자연스럽게 학습도 자신의 것으로 조절할 수 있는 태도를 지니게 된다. 이 태도는 아이의 말투가 되고, 말투는 아이의 행동으로 표출되고, 결국 행동이 아이의 삶을 이끌게 된다.

습관의 방향이 이끌고 간 아이의 모습

"아빠, 설거지해줘서 정말 고마워요."

다섯 살 둘째가 설거지하고 있는 아빠를 보더니 이렇게 말을 건넸다. 아빠가 그릇을 치우고 정리하는 모습이 어떤 아이들에겐 당연한 풍경일 수 있지만, 가족을 위해 애써주는 아빠의 마음을 우리집 다섯 살 아이가 헤아려주었다. 어른인 나도 이제서야 설거지를 해주는 엄마에게 고맙다는 말을 하기 시작했는데 습관을 익히기 시작한 아이는, 그 당연한 풍경 속에서도 고마움을 느낄 수 있게 되었다. 방향을 설정한다는 것은 이렇게 놀라운 일이다. 무엇이 중요한지를 스스로 찾을 수 있는 주체성을 가지게 되기 때문이다.

"학원 늦겠다. 엄마가 신발 신겨줄 테니 얼른 나와!"

종종 아이들 유치원 하원 시 아이를 데려가는 부모들에게서 듣는 말이다. 심지어는 유치원 안에 들어가 아이의 신발을 신겨주기도 한다. 아이가 혼자서 신발을 신는 것을 기다릴 수

79

있는 마음, 그게 바로 방향성이다. 이 방향성을 잡은 엄마는
어떤 거센 바람에도 중심을 잃지 않을 수 있다.

해냄 스위치를 켜면 혼자서도 잘하는 아이가 됩니다

엄마도 아이도 행복해지는 7:3 법칙

'브로콜리를 먹기 싫어하는 아이', '콩나물을 왜 먹어야 하는지 이해하지 못하는 아이', '시금치만 보면 젓가락을 내려놓는 아이'.

부모가 매일 당면하는 문제다. 이 아이를 설득할 방법은 없는 것일까?

아이에게 "엄마. 맛없는데 왜 먹어야 해요?"란 질문을 받으면 많은 생각이 들지만, 선뜻 대답하긴 어렵다. 그렇다고 "맛없으면 먹지 마."라는 말은 입에서 쉽게 떨어지지 않는다. 아이의 건강을 위해 준비한 음식이기에 '맛'으로만 평가해선 안 되기 때문이다. 결국 설득할 만한 마땅한 말을 찾지 못한 채, "엄마가 널 위해 힘들게 만들었으니까 그냥 먹어. 키가 쑥쑥 클 거야." 같은 싱거운 대답을 하게 된다.

브로콜리와 콩나물을 먹이기 위한 의견 조정도 이렇게 힘든데, 하물며 아이에게 좋은 습관을 잡아주는 건 얼마나 어려운 일일까? 습관도 브로콜리와 마찬가지다. 맛이 없어도 아이가 건강한 삶을 살아가기 위해 꼭 익숙해져야 하는 일이다. 우리가 진심과 마음을 다해 아이와 타협해야 하는 이유다.

처음부터 브로콜리와 콩나물을 잘 먹는 아이는 드물다. 아이에게 필요한 건 '연습'이다.

조금씩이라도 시도해보는 마음, 조금씩이라도 먹어보려는 마음, 조금씩이라도 직접 해보려는 마음, 아이들에겐 바로 이런 마음들이 필요하다. 그렇다면 이런 마음들을 키워주기 위해서 엄마는 어떻게 접근해야 할까? 이때 필요한 법칙이 바로 7:3 법칙이다.

습관 형성을 위한 7:3 법칙 정하기

7:3 법칙을 시작하기 전에 필요한 건 아이, 부모, 종이, 그리고 앉아서 함께 이야기를 나눌 식탁이다. 가족회의 시간에 7:3 법칙을 함께 정하면 더할 나위 없이 좋다. 식탁에 앉아 엄

마는 아이가 했으면 하는 일, 그리고 아이는 자신이 하고 싶은 일이나 엄마와 함께하고 싶은 일들을 무엇이든 말해본다. 아이가 아직 어려서 적을 수 없다면 아이가 하는 말을 엄마가 대신 적어주어도 좋다. 우리집에서 아이와 함께 쭉 적어보았던 목록이다.

> **▶▶ 엄마 아빠가 하준이에게 바라는 것 ◀◀**
>
> 유치원 가방 정리, 신발 정리, 정리 정돈, 먹은 음식 가져다 놓기, 자신이 만든 쓰레기는 직접 버리고 분리수거하기, 골고루 먹기, 한글 공부, 수학 공부, 영어 공부, 하루 한자

> **▶▶ 하준이가 엄마 아빠에게 바라는 것 ◀◀**
>
> 보드게임, 딱지치기, 색종이 접기, 킥보드 타기, 간식 먹기, 변신 자동차 놀이, 안아주기, 놀이터 가기, 줄넘기하기, 달리기 시합, 축구 시합, 자전거 타기

7:3 법칙이란, 이 중에서 아이가 원하는 일곱 가지를 고르고, 세 가지는 부모가 원하는 것으로 아이와 타협하는 원칙을 말한다. '타협'이란, 어떤 일을 서로 양보하여 협의한다는 뜻이다. 이 타협에는 서로가 협의한다는 의미에서 '선택'이 있고, 서로 조금씩 양보한다는 의미에서 '존중'이 들어 있다. 아

이의 습관을 바르게 형성하기 위해선 이 선택과 존중의 과정이 반드시 들어가야 한다. 하준이가 선택한 일곱 가지는 '보드게임, 딱지치기, 색종이 접기, 안아주기, 줄넘기하기, 달리기 시합, 축구 시합'이었고 내가 선택한 세 가지는 '유치원 가방 정리, 먹은 음식 가져다 놓기, 한글 공부'였다.

아이가 부모에게 원하는 것들을 쭉 들어보면 아이의 진짜 마음이 보인다. 습관을 잡기 전에 대화가 중요한 이유는 아이의 진짜 마음을 채워줄 수 있기 때문이다. 엄마가 아닌 아이를 중심에 두고 대화를 시작할 때, 아이의 마음 안에는 해보고자 하는 에너지가 차오른다. 이 마음은 다른 것도 시도할 수 있는 원동력이 된다.

하준이 역시 내가 자신과 함께 놀아주고, 집중하고, 시간을 보내주길 원했다. 7:3 법칙을 아이와 함께 정했다면, 가장 중요한 건 이걸 지키기 위해 노력하는 엄마의 모습을 보여주는 것이다. 아이와 정한 약속을 중요하게 여기는 동시에 반드시 해야 하는 일로 생각하고 행동하는 엄마의 모습을 보여줘야 한다. 이 과정을 통해 아이는 엄마에게 존중과 신뢰를 느끼게 된다. 존중과 신뢰를 느낀 아이는, 그걸 다시 돌려주는 힘을 자연스럽게 얻는다. 알아서 하는 것이 아니라 받았기 때문에 할 수 있다.

하준이 계획표	하윤이 계획표
1. 보드게임	1. 보드게임
2. 딱지치기	2. 색종이 접기
3. 색종이 접기	3. 안아주기
4. 안아주기	4. 블럭 놀이
5. 줄넘기하기	5. 달리기 시합
6. 달리기 시합	6. 줄넘기하기
7. 축구 시합	7. 그림 그리기
8. 유치원 가방 정리	8. 유치원 가방 정리
9. 먹은 음식 가져다 놓기	9. 먹은 음식 가져다 놓기
10. 한글 공부	10. 화장실은 혼자서

7:3 법칙을 지키는 모습으로 신뢰 쌓기

우리 부부는 아이들의 요구대로 유치원을 마치고 오는 공터에서 줄넘기, 달리기 시합, 축구를 했다. 그리고 토요일 하루는 가족 스포츠 데이로 정해서 집 근처 공원으로 나가 평일에 충분히 하지 못했던 달리기, 축구, 줄넘기, 킥보드 타기, 자전거 타기 등을 하며 보냈다. 평일에 줄넘기, 달리기 시합, 축구를 하지 못하는 날이 있더라도 토요일에 가족 스포츠 데이가 있으니 아이는 충분히 이해할 수 있었다.

하원 후 저녁을 먹고 나서는 같이 종이접기 유튜버 네모 아저씨의 책을 보며 색종이를 접고, 만든 색종이로 딱지치기를 하고, 다양한 보드게임을 하며 시간을 보냈다. 자기 전에는 꼭 안아주며 "사랑해", "고마워", "자랑스러워"라는 말을 건넸다. 아이가 부모와 하고 싶은 일에 진심으로 임하자, 아이도 부모와 약속한 것을 지키기 위해 진심으로 응해주었다. 서로의 해냄 스위치가 켜진 것이다. 아이는 유치원에서 돌아오자마자 가방을 정리했고, 먹은 음식은 어떤 것이든 싱크대에 직접 가져다 두었으며, 나와 한글을 함께 알아가는 시간에 집중하려고 노력했다.

분명 아이가 원하는 걸 다 못하고 지나가는 날도 있다. 그럴 때는 바쁘다는 핑계로 어영부영 넘어가는 것이 아니라, 아이에게 진심으로 양해를 구해야 한다. 엄마도 정말 하고 싶고 중요한 일이라는 걸 알지만, 오늘은 시간이 많이 없어서 다 하지 못한다는 걸 아이에게 충분히 말해야 한다. 말로만 끝낼 것이 아니라, 내일 조금 더 하거나 주말에 하는 등 아이가 기다린 시간만큼 채워줄 수 있도록 서로의 의견을 조정해야 한다. 가족 스포츠 데이도 이렇게 아이와 의견을 조정하며 생긴 날이다. '어떻게 하면 아이와의 약속을 지킬 수 있을까?'라는 고민이 스포츠 데이라는 대안을 이끌었다. 이 과정에서 아이는

엄마가 자신과의 약속을 중요시한다는 걸 느끼게 되고, 엄마
도 자신과 함께 보내는 시간을 좋아한다는 확신을 갖는다. 이
렇게 차곡차곡 쌓인 마음은 '신뢰'와 '존중'이라는 이름으로
피어난다. 신뢰와 존중을 경험한 아이는, 자신도 엄마와의 약
속을 지키고자 노력한다. 이 노력은 무엇이든 시도하는 일에
대한 장벽을 낮추고, 무엇이든 더 해보고 싶은 마음으로 이어
진다. 이때 7:3의 법칙에서, 6:4 그리고 5:5로 조금씩 조정해
나가면 된다.

아이는 나와는 다른 생각을 가진 타인임을 인정하기

무엇이든 처음에 관계를 형성하고 신뢰를 쌓기까지는 오
랜 시간이 걸린다. 하지만 한 번 이 시간의 터널을 지나고 나
면 수월해진다. 오랜 시간 손발을 맞춰온 부부끼리 눈빛만으
로 서로의 생각을 알 수 있는 건, 이런 시간의 터널을 지나왔
기 때문이다. 아이도 예외가 아니다. 내가 낳았다고 해서 나의
의견을 척척 알아듣고 수행해야 하는 존재가 아니다. 나와는
완전히 다른 생각, 다른 성격을 가진 또 하나의 타인이다. 새
로운 사람과 하나하나 일을 맞춰 나가듯, 이 작은 타인과도 그
과정을 꼭 거쳐야 한다. 아이야말로 앞으로의 삶에서 서로의
생각을 이해해야 하는 핵심 파트너다.

87

아이와 습관을 잡기 전 아이의 의견을 물어보고, 서로 조정하는 과정을 꼭 거치길 바란다. 아이는 이 과정을 통해 자신의 마음과 엄마의 마음을 확인하는 기회를 얻는다. 그리고 아이가 말한 것을 엄마가 성심성의껏, 진심으로 지키고자 하는 모습을 보여주자. 신뢰와 존중을 바탕으로 쌓인 그 시간은, 아이에게 앞으로 나아갈 힘을 준다. 브로콜리를 먹게 하는 단 하나의 방법은, 아이가 그것이 자신에게 도움이 된다는 걸 아는 것이다. 습관도 마찬가지다. 습관을 지키는 것이 자신에게 도움이 된다는 걸 알 때, 아이는 시도하게 된다. 설령 브로콜리를 다 먹지 않더라도 조금씩이라도 먹어보고 시도하는 아이로 성장해 나간다. 이는 비단 브로콜리에만 통하는 방법이 아니다. 부모는 이 과정을 도와줄 유일한 사람이라는 점을 잊지 말자.

무조건 하게 되는 계획표

"인간의 지적 능력은 얼마나 많은 방법을 알고 있느냐로 측정되는 것이 아니라, 뭘 해야 할지 모르는 상황에서 어떤 행동을 하느냐로 알 수 있다."

《아이들은 어떻게 배우는가》의 저자 존 홀트(John Holt)가 말했다. 아이들과 계획표를 세우고 어릴 적부터 아이의 습관을 잡아주려는 이유는, 이처럼 아이가 뭘 해야 할지 모르는 상황에서 어떤 행동을 해야 할지 방향을 알려주기 위해서이다. 《열두 발자국》의 저자이자 뇌과학자인 정재승 교수는, 일상에서 훈련을 통해 기본적인 것을 학습해야 매우 중요한 순간

89

에 인지적인 에너지를 발휘할 수 있다고 말했다. 우리의 뇌는 기본적인 문제를 해결하는 데만도 최선을 다해 노력하고 있기에, 일상적으로 반복하는 연습이 생활화되어 있지 않으면 창의적인 문제를 해결하는 데까지 나아갈 수 없다고 한다. 그 말은, 꾸준한 연습이 필요한 기본 연산, 상식 등이 충분히 쌓이면 창의력을 요구하는 문제를 만났을 때 뇌가 온전히 그 문제에 집중할 수 있다는 뜻이다.

일상에서 아이들의 기본 생활 습관이 중요한 이유도 바로 여기에 있다. 일상적으로 반복해야 하는 과제에 대한 훈련이 되어 있지 않고, 그걸 주도적으로 해낼 수 없으면 아이는 이 기본적인 문제를 해결하는 데만 온 에너지를 쏟게 된다. 생각보다 많은 아이가 학교에 있는 시간 동안 기본적인 행동을 수행하느라 수업에 집중하지 못한다. 공부하기 전에 필요한 책상 정리, 연필 깎기, 책 정리 등이 되어 있지 않으면 수업 시간에 그런 기본적인 행동들을 하느라 온 에너지를 집중하게 된다. 공부를 시작도 하기 전에 책상 정리에 모든 에너지를 쓰는 것이다. 이 자잘한 준비 활동을 끝냈을 뿐인데 이미 진이 빠진다. 그리고 '다음에는 꼭 미리 준비해둬야지.'라고 다짐만 한 채로 공부에 대한 의욕도 맥없이 사라진다. 주의 집중의 핵심이 되는 대상에 집중하지 못한 결과다. 핵심에 집중하기 위해선 '책상 정리'와 같은 일상적인 연습이 생활화되어야 한다.

90

4~7세 영유아기의 아이들에게 '책상 정리'란 무엇일까? 바로 '생활 습관'이다. 이 근력을 잘 키워줘야 정말 중요한 학습과 과제 행위에 집중할 수 있다.

무조건 하기 위해 우선 키워야 하는 '생활 습관 근력'

아이들이 어릴수록 학습보다는 일상생활에 꼭 필요한 필수 행동들을 스스로 할 수 있도록 하는 데 초점을 맞춰야 한다. 일상의 사소한 습관이 체화된 아이는, 자연스럽게 남은 에너지를 자신이 배우고 싶은 학습에 사용하게 되기 때문이다. 연필을 깎느라, 자리를 치우느라, 하고 싶은 것을 찾느라 애쓰는 시간이 줄어든다.

앞서 말했듯이 나는 아이들이 어렸을 때부터 혼자서 할 수 있는 일들은 직접 해낼 수 있도록 많은 연습을 시켰다. 7:3의 법칙을 통해 아이들이 엄마와 하고 싶은 일들은 최선을 다해서 해내려고 노력했다. 그 과정을 통해 아이들과의 약속을 존중하고 신뢰하는 모습을 보여주었다. 이러한 존중과 신뢰를 바탕으로, 아이들에게 스스로 하는 주도적 습관의 즐거움과 기쁨을 알려주었다. 일상에서 '나는 무엇이든 할 수 있는 아이'라는 생활 습관 근력을 저금하듯이 차곡차곡 쌓아주었다. 우리집에서 아이들이 네 살부터 시작했던 '생활 습관 근력을

91

키우는 12가지' 목록은 아래와 같다.

▶▶ 생활 습관 근력을 키우는 12가지 목록 ◀◀

1. 스스로 수저와 컵 고르기
2. 내가 먹은 음식은 내가 정리하기
3. 외출하기 전 혼자서 옷 입기
4. 직접 양말 고르고 신발 신기
5. 혼자서 외투 입기
6. 하고 싶은 놀이가 있으면 하던 놀이는 정리 후 시작하기
7. 자기 책상을 깨끗하게 정리하기
8. 목욕 전 벗은 옷은 빨래통에 넣어두기
9. 목욕할 때 몸 씻기, 몸 닦기, 머리 말리기, 로션 바르기 등 하나라도 혼자서 하기
10. 혼자서 용변 처리하기
11. 자기가 만든 쓰레기는 직접 버리기
12. 쓰레기는 알맞게 분리수거하기

모두 아이들이 스스로 하지 않으면 부모가 아이들을 위해 해줘야 하는 일들이다. 어린아이를 키우는 육아가 유독 힘들고 에너지가 많이 드는 이유는, 집안일을 하듯이 이 모든 과정을 부모가 해줘야 하기 때문이다. 먹기 위해, 놀기 위해, 나가기 위해, 씻기 위해 따라오는 일련의 과제들이 너무나 많다.

해냄 스위치를 켜면 혼자서도 잘하는 아이가 됩니다

먹기 위해선 식기와 컵을 챙겨야 하고, 먹은 후에 누군가는 치워야 한다. 외출하기 위해선 양말과 옷을 입고 신발을 신고 외투를 입어야 한다. 씻기 위해선 헹구기, 닦기, 로션 바르기, 머리 말리기를 해야 한다. 아이와 함께 책상에 앉아서 엄마표 공부를 시작해보려고 하면, 책상을 치우고 닦고 놀던 것도 정리해야 한다. 또한 아이들이 먹다가, 놀다가 남긴 쓰레기들을 하나하나 주어서 정리하고 분리수거까지 해야 한다. 우리는 이 모든 과정을 결코 압축해선 안 되는 한 단어로 말한다. 바로 '집안일'이다.

엄마들에게 아이들의 집안일 말고도 또 다른 집안일이 남아 있다는 것이 문제다. 집안일을 하다가 아이들과 시간을 보내지 못하는 이유도 바로 이 때문이다. 나는 집안일은 그냥 내버려 두고 그 시간에 아이들에게 집중하라는 말을 하고 싶지 않다. 집안일은 우리가 살고 있는 공간을 깨끗하고 아늑하게 유지하기 위해 중요한 일이다. 마냥 내버려 두기만 할 수는 없는 노릇이다. 나는 오히려 이 집안일을 아이들과 적절하게 나누라고 조언하고 싶다. 바로, 이 과정에서 아이들의 능동성이 자라나기 때문이다. 이렇게 쌓인 생활 습관 근력은 아이들이 능동적 학습자가 되기 위한 단단한 체력이 된다.

생활 습관 근력 키우는 '서서히 늘리기 기술'

당연히 아이들도 처음엔 집안일을 힘들어한다. 어렵고 고된 일이기 때문이다. 그래서 우리에겐 연습이 필요하다. 그리고 이것을 충분히 연습시키기 위한 엄마의 굳은 결심, '방향성'이 필요하다. 아이들의 생활 습관 근력이 단단하게 잡혔을 때, 아이들은 배우고 싶은 것에 온전히 집중할 수 있는 체력을 얻는다. 자신이 무엇을 배우고 싶고, 무엇을 할 때 즐거운지 생각할 수 있다. 아이들에게 한꺼번에 이 모든 걸 다 하라고 말한다면 아이들은 당연히 하기 싫어하고, 쉽게 지칠 수 있다. 그러니 어떻게 시작하면 좋을까?

7:3의 법칙처럼 타협점을 서서히 늘려가야 한다. 아이들이 한 달 동안 스스로 수저와 컵 고르기, 자신이 먹은 음식을 정리하기, 외출하기 전 옷 입기 등 세 가지 과제를 해냈다면, 다음 달엔 네 개를, 그다음 달엔 다섯 개를 천천히 해낼 수 있도록 유도해야 한다. 이 과정이 익숙해지기까지는 당연히 시간이 걸린다. 살살, 꾸준히, 긍정적으로, 아이에게 맞는 '살꾸긍핏'의 자세가 필요하다. 아이가 세 가지 과제를 모두 해내는데 한 달이 걸린다면 한 달을, 두 달이 걸린다면 두 달을 연습하는 것이다.

이 과정을 거친 다섯 살 하윤이는 앞에 소개한 열두 가지

94

를 모두 혼자서 할 수 있게 되었다. 아이의 나이가 어려서 하지 못하는 것이 아니다. 연습할 기회가 없었을 뿐이다. 아이는 스스로 해낼 수 있는 존재라는 믿음을 엄마가 가져야 하고, 그 믿음을 아이에게 기회로 제공해야 한다. 아이 신발은 내가 신겨주는 게 훨씬 빠르고 편하다. 하지만 그게 계속 엄마의 일이 된다면, 아이는 생활 습관 근력을 키울 기회를 잃게 된다.

생활 습관 근력이 잡힌 아이는 스스로 집중한다

7:3 법칙에서 쌓은 신뢰와 존중을 바탕으로 현재 우리집 아이들의 계획표는 3:7의 비율로 자연스레 넘어갔다. 아이들이 선택한 종이접기, 보드게임, 줄넘기 연습 또는 그림 그리기 외의 일곱 가지는 아이가 배워야 하는 목록으로 이루어져 있다. 이 계획표는 아이들과 타협의 과정을 통해 함께 만들었고, 아이들도 선택했기에 책임을 다하려고 노력한다. 계획표가 지속되기 위해서는 아이들이 스스로 계획을 살피고 점검하는 연습을 할 수 있게 해줘야 한다. 나는 아이들이 혼자서 계획 여부를 체크할 수 있는 투 두 리스트(TO-DO list)를 사용하고 있다. 아이들이 글자를 몰라도 그림을 보고 알 수 있도록, 그림도 함께 첨부한 계획표로 만들었다. "이거 하자."라고 말하지 않아도, 아이들은 먼저 계획표를 살펴보고 우선순위를 정

95

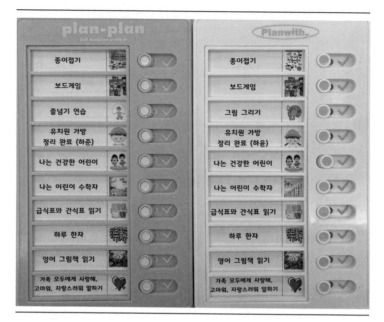

plan-plan			Planwith.		
종이접기			종이접기		
보드게임			보드게임		
줄넘기 연습			그림 그리기		
유치원 가방 정리 완료 (하준)			유치원 가방 정리 완료 (하윤)		
나는 건강한 어린이			나는 건강한 어린이		
나는 어린이 수학자			나는 어린이 수학자		
급식표와 간식표 읽기			급식표와 간식표 읽기		
하루 한자			하루 한자		
영어 그림책 읽기			영어 그림책 읽기		
가족 모두에게 사랑해, 고마워, 자랑스러워 말하기			가족 모두에게 사랑해, 고마워, 자랑스러워 말하기		

7:3 법칙에서 3:7 법칙이 된 현재의 아이들 계획표다. 아이들은 어려움 없이, 오히려 즐겁게 자신들의 하루 계획표를 스스로 체크하고 있다.

해 스스로 하루를 운영한다.

하루의 마지막에는 가족 모두에게 "사랑해. 고마워. 자랑스러워."라고 말하는 시간이 있다. 이 말을 계획표에 넣은 이유는 아이가 하루 동안 자신이 할 수 있는 최선을 다했기 때문이다. 설령 다 못하는 날이 있더라도 아이가 지키려고 노력한 그 마음과 의도를 꼭 알아주고 표현해야 한다. 건강하게 자라나기 위해, 자신의 삶을 좋은 습관으로 채우기 위해 노력한 아이의 기특한 마음을 꼭 말로 칭찬해주자. 그리고 아이 역시 엄마 아빠에게 "사랑해. 고마워. 자랑스러워."라고 말함으로써 엄마 아빠의 하루도 응원하게 된다. 서로가 서로를 응원하고 보듬어주는 시간인 것이다. 이를 통해 아이뿐만이 아니라, 부모도 내일을 살아갈 힘을 얻는다.

'무조건 하게 되는 계획표'는 이런 복합적인 설계의 산물로 만들어진다. 아이에게 스스로 할 수 있는 기회가 우선 제공되어야 하고, 생활 습관 근력이 될 수 있도록 충분히 연습해야 한다. 그 과정에서 아이는 하루하루 쌓은 자신감으로 새로운 것을 배우고 집중하는 힘을 기른다. 아이가 스스로 해낼 수 있는 일들을 함께 점검하자. 무엇보다 아이에게 그 기회를 기꺼이 제공하자.

> ▶▶▶ **무조건 하게 되는 계획표 만들기 팁** ◀◀◀
>
> 1. 7:3 법칙으로 아이와 엄마의 요구 타협하기
> 2. '내 아이는 지금 무얼 좋아할까? 점검표'로 아이 흥미 파악하기(127쪽 부록 참조)
> 3. 아이가 손쉽게 하루 계획표를 체크 할 수 있는 점검표 활용 (좌측 '3:7 법칙이 된 아이들의 하루 계획표' 참조)
>   ☑체크 포인트: 글자를 아는 친구들은 글자만 적어도 좋고, 글자를 아직 익히지 못한 친구들은 옆에 그림 파일을 넣어주면 더 손쉽게 활

97

용할 수 있습니다

4. 7:3 법칙을 존중하며 지키는 엄마의 모습으로 아이와 신뢰 쌓기

5. 아이의 흥미를 존중하며 6:4, 5:5 법칙으로 서서히 조정하기

해냄 스위치를 켜면 혼자서도 잘하는 아이가 됩니다

잔소리가 필요 없는 '15분 조절력'

아이들이 네 살, 여섯 살 때 하루 중 가장 마음이 조급하고 쉽게 짜증 나는 시간을 고르라면 단연코 아침 등원 준비 시간이었다. 신랑과 나는 맞벌이 부부라 아침에 일찍 출근해야 한다. 집에서 출발하는 시간이 정해져 있으니 준비할 수 있는 시간에도 당연히 제한이 있다.

"진짜 빨리빨리 안 할래?"

"지금 시간 10분밖에 안 남았어!"

"좀 서두르자."

"너 이러고 나갈 거야?"

99

아침 준비 시간에 신랑과 내가 아이들에게 가장 많이 했던 말들이다. 그런데 이렇게 쉼 없이 잔소리해서 아이들의 준비 시간이 당겨졌는지 묻는다면, 당연히 아니다. 잔소리가 등원 시간을 조금이라도 당겼다면 아마도 계속 잔소리를 하고 있었을 것이다. 조급한 엄마 마음과 달리 아이들은 태평하고 느긋하기만 했다. 옆길로 새며 딴짓하는 아이들에게 잔소리를 쏟아내다 지친 나만 남았다. '이러면 안 되겠다.'라는 생각이 강하게 들었다. 아침 시간은 아이와 내가 헤어지고 각자의 세상으로 걸어가는 시간이다. 그 귀한 시간을 잔소리가 아닌 격려와 응원으로 시작하고 싶었다. 아이에게 '너는 할 수 있는 아이'라는 메시지를 주며 시작하고 싶었다. 그날 저녁, 해냄 스위치를 켜고 아이들이 좋아하는 음식인 불고기를 준비해서 식탁으로 불렀다.

아침 시간을 존중으로 시작하는 법

"우리 요즘 아침 시간에 서로 마음 상해서 헤어지는 적이 많지?"
"응."
"엄마랑 아빠는 아침 시간에 가장 바쁘고 마음이 조급해지는 것 같아. 우리가 나가야 하는 시간이 정해져 있으니까 각자

100

할 수 있는 일들을 정해보는 건 어떨까?"

집에 있는 A4 용지를 하나 가져와서 '아이들이 스스로 할
수 있는 일, 엄마 아빠가 해야 하는 일' 목록을 적었다. 아이들
은 스스로 할 수 있는 일들을 이야기했다. 아이들을 능동적인
존재라고 인정했기에 가능한 일들이었다.

▶▶ **아이들이 스스로 할 수 있는 일** ◀◀

신발 신기, 양말 신기, 옷 갈아입기, 세수하기, 과일 먹기, 아침 먹기,
약 먹기, 로션 바르기, 타이머 시간 맞추기(그날의 주인공)

▶▶ **엄마 아빠가 해야 하는 일** ◀◀

아침 준비, 과일 준비, 출근 준비, 집 정리(설거지, 청소기 돌리기 등)

신기하게도 아이들은 우리가 아침마다 실랑이를 벌였던
그 일들을 모두 스스로 할 수 있다고 말했다. 다만 아침 시간
에는 쓸 수 있는 시간에 제약이 있으니, 필요한 시간을 아이
들이 스스로 판단하여 정하기로 했다. 그날의 주인공인 사람
이 아침 먹을 때 15분, 과일 먹을 때 10분, 옷 갈아입을 때 10
분 등과 같이 서로의 의견을 물어보고 시간을 정했다. 아이들
이 네 살 때부터 타이머를 능숙하게 사용하고 있었기에, 알아
서 시간을 조정할 수 있었다. 가족 네 명이 A4 용지 맨 밑에 있

2장. 혼자서도 해내는 아이를 만드는 습관 근육

는 각자의 이름 칸에 서명했다. 나는 이 용지를 코팅해서 아이들이 잘 볼 수 있는 자석 칠판에 붙여두었다. 이날 이후, 더 이상 아침 시간에 "씻어라", "입어라", "먹어라", "시간 없다"라는 말들로 서로를 괴롭힐 필요가 없었다.

아이들이 쓰는 타이머 추천	
숫자를 아는 친구	숫자를 모르는 친구

시간이 직관적으로 보이기 때문에 아이들이 남은 시간을 스스로 예상할 수 있다. 이를 통해 자연스럽게 조절력을 키우게 된다.	숫자를 모르는 친구들에겐 동물 타이머를 쓰는 걸 추천한다. 각 동물의 이름을 먼저 아이와 이야기를 나눈다. "지금은 우리에게 불가사리만큼의 시간이 있어. 분홍색 조개가 되면 이제 일어나야 해." 등과 같이 말해주면 된다.

102

아침 시간 약속

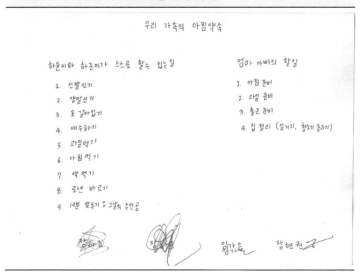

우리 가족의 아침약속

하윤이와 하준이가 스스로 할수 있는일

1. 신발신기
2. 양말신기
3. 옷 갈아입기
4. 세수하기
5. 과일먹기
6. 아침 먹기
7. 약 먹기
8. 로션 바르기
9. 10분 맞추기 : 그날의 주인공

엄마 아빠의 할일

1. 아침 준비
2. 과일 준비
3. 출근 준비
4. 집 정리 (설거지, 청소기 돌리기)

큰 준비물 없이 아이들과 이야기를 나누고, 종이에 약속을 적는다. 서로의 선택과 존중이 담긴 서명을 한 후, 잘 보이는 곳에 걸어두면 된다.

15분, 아이들의 능동성이 자라나는 시간

아이들이 아침 메뉴를 고를 수 있도록 일종의 메뉴판을 만든 것엔 이유가 있다. 아이들이 먹고 싶어 하는 메뉴를 해주고 싶은 마음도 컸지만, 신랑이나 내가 바쁜 아침 시간에 만들어줄 수 있는 음식이 많지 않았기 때문이다. 서로 타협이 필요한 부분이었다. 우리는 아이들에게 먹고 싶은 아침 메뉴를 이

2장. 혼자서도 해내는 아이를 만드는 습관 근육

야기하라고 한 후에 그중 우리가 해줄 수 있는 음식들을 선별해 메뉴판을 만들었다. 다만 꼭 먹고 싶은 메뉴가 있으면 전날 미리 말을 해서 준비해주는 것으로 협의했다. 유부초밥, 만두, 주먹밥, 김밥, 국과 밥, 돼지국밥 등 총 여섯 가지의 메뉴가 결정되었다.

돼지국밥은 아이들이 좋아하는 국밥집의 밀키트가 있어 아침에 고기와 국만 데우면 금방 만들 수 있는 메뉴였다. 여섯 가지 메뉴 모두 10분 내로 금방 준비할 수 있는 음식들이었다. 아이들은 전날 저녁이나, 아침에 일어나서 먹고 싶은 메뉴 위에 자신의 이름 자석을 붙여둔다. 나는 이 메뉴판에서 아이들이 선택한 음식을 보고 아침에 만들어 식탁 위에 올려둔다. 그리고 아이들에게 묻는다.

"아침 먹는 데 몇 분이 필요할까?"

"15분이 필요해."

그리고 아이가 스스로 정한 15분 동안은 아침 식사에 관해 아무 말도 하지 않는다. 아이가 먹는 것을 보면 잔소리하고 싶은 마음이 스멀스멀 올라올 때가 있다. 그때는 그냥 입술을 꽉 깨문다. 어떨 때는 답답한 마음을 참지 못하고 베개에 얼굴을 파묻은 적도 있다. 15분은 아이가 판단해서 내린 시간이다. 그 시간 동안 다 먹지 못하는 경험이 있어야 '왜 다 못 먹었지? 시간이 더 필요한가? 먹으면서 너무 딴짓을 많이 했나? 시간이 모자라니 5분이 더 필요하겠다.' 이렇게 점검할 수 있다. 스스로 행동을 점검해야 변화할 수 있다. 엄마가 아무리 '바로 앉아라, 시간 없다, 지금 먹어야 배가 안 고프다'라는 말로 잔소리해도 아이 스스로 시간에 대한 감각을 기르지 않는 이상 귀에서 모두 튕겨 나갈 뿐이다.

아이에게도 자신이 말한 시간에 대한 책임감과 이를 지켜내고 싶다는 마음이 있다. 옷 입기, 로션 바르기, 아침 먹기 등 아이들이 스스로 할 수 있다고 말한 것들을, 스스로 정한 시간 내에 해내면서 쌓이는 게 바로 조절력이다.

'나는 내가 말한 것을 지킬 수 있는 사람이구나. 나는 내가 약속한 시간을 지킬 수 있는 사람이구나.'라는 믿음이 쌓인다. 부모가 통보한 시간에 맞춰 움직이는 것과 아이들이 스스로 정한 시간에 알아서 움직이는 건 차원이 다른 문제다. 전자에는 자신의 의지가 없지만, 후자에는 자신의 의지가 들어 있기 때문이다. 이처럼 아이들이 일상에서 자부심을 키울 수 있는 소재는 의외로 거창하지 않고 소박한 일들에서 시작된다.

스스로 정한 시간을 지키는 연습을 통해 자라나는 '조절력'

사람에게 모두 공평하게 주어진 가치는 바로 시간이다. 우

105

리는 24시간이라는 시간을 공정하게 부여받아 살아가고 있다. 그런데 왜 누구는 24시간을 48시간처럼 사용하고, 누구는 24시간을 12시간처럼 사용하며 살아갈까? 시간을 스스로 계획해서 성공해본 경험이 없고 시간을 나에게 맞게 관리할 수 있는 사람이라는 인식이 부족하기 때문이다. 이런 인식은 어떻게 키워줄 수 있을까? 바로 어릴 때부터 시간을 계획하고 지키는 경험이 일상에서 차곡차곡 쌓이면 된다. 누군가의 개입을 받지 않고 단 15분만이라도 스스로 정한 시간을 오롯이 책임져야 한다.

처음에는 당연히 스스로 정한 시간을 지키는 데 성공하지 못한다. 아직 조절력이 약한 아이들이기에 당연하다. 그럴 때일수록 아이들이 지키려고 노력했다는 마음을 인정해주고 도닥여주어야 한다. 그리고 물어봐야 한다.

"몇 분이 더 필요해?"

이 과정을 통해 아이들이 각자에게 맞는 시간을 찾아간다. 자신에게 필요한 시간이 얼마인지 알고, 자신이 정한 시간 안에 끝내려면 어떻게 행동하면 좋을지 고민한다.

우리 가족에게 아침 시간은 더 이상 하루 중 가장 조급하고 바쁜 시간이 아니다. 이 시간은 우리에게 조절의 시간이다. 서로가 말한 것을 지킬 수 있도록 인정해주는 시간이다. 각자가 최선을 다해 노력하고 있다는 것을 알아주고, 애쓰고 있는 마

106

음을 다독여주는 시간이다. 이제는 헤어질 때 잔소리 대신 서로에게 충분한 격려와 응원을 보낸다.

"오늘도 잘할 수 있을 거라고 믿어."

"엄마는 최고야! 엄마 잘하고 와! 우리 이따 만나자!"

"엄마가 항상 응원하고 있다는 걸 잊지 마!"

"나도 엄마한테 응원 보내고 있을게!"

매일 쌓이는 15분의 힘과 존중을 경험한 아이는 자신을 조절하는 법을 알아갈 수 있다. 15분도 관리할 수 없다면, 더 큰 시간은 당연히 생각할 수 없다.

107

꾸준함을 키우는 '100원 달력'

아이들이 꾸준하게 습관을 유지하게 된 우리집만의 특별한 비결이 있다. 바로 '100원 달력'이다. 우리집 아이들은 하준이가 다섯 살, 하윤이가 세 살, 교환의 개념을 알게 되었을 때부터 100원 저금을 시작했다. 하루 계획표를 모두 지키고 나면 '100원 달력'에 동그라미를 쳤다. '100원 달력'은 내가 100원 이미지를 넣어서 만든 간단한 달력이다.

그렇게 받은 100원은 각자 저금통에 저금하는 연습을 했다. 이 100원을 모아서 어디에 썼느냐? 바로 아이들이 좋아하는 간식과 바꾸어 먹을 수 있도록 했다. 100원으로 바꿀 수 있

해냄 스위치를 켜면 혼자서도 잘하는 아이가 됩니다

는 간식은 뽀로로 비타민 한 개, 텐텐 한 개, 함소아 젤리 한 개 등이었다. 아이들이 아직 어려 자극적인 간식보다는 평상시에 자주 접하는 달지 않은 간식들로 간식 통을 채워두었다.

아이들이 용돈과 바꿀 수 있는 세 칸짜리 간식통에는 100원, 200원, 300원이라고 적어두었다. 아이들이 만약 본인의 용돈과 간식을 바꿔 먹고 싶으면 자기 이름의 저금통에서 돈을 꺼내 간식 통에서 먹고 싶은 간식 한 개와 바꿨다. 아이들은 100원으로 간식 하나를 바꿔 먹는 재미에 폭 빠졌다. 100원을 저금하고 간식을 바꿔 먹는 것에는 다양한 교육적 의미가 있다. 우선 아이들이 내가 가진 돈으로 실제 물건을 사는 직접적인 경험을 통해 교환이라는 경제의 기본 의미를 자연스럽게 알게 된다. 그 외에도 100원과 간식 하나를 연결 짓는 기초적인 1:1 수 대응 개념, 내가 가진 돈으로 먹고 싶은 간식을 직접 골라보는 경험, 더 먹고 싶다면 돈을 모아야 한다는 저축과 소비의 개념이 자연스레 생긴다. 그리고 가장 중요한, 하루 계획표를 꾸준히 지킬 수 있는 즐거움이 자리 잡게 된다.

습관이 쌓이는 기쁨을 눈으로 확인하기

아이들은 대부분 100원을 바로 간식으로 바꿔서 먹는 걸 택했다. 그러던 어느 날 하루를 더 참아서 200원 통에 동전을 넣고 간식을 두 개 가져간 날, 기쁨이 전보다 배가 되는 걸 경험했다.

"엄마! 오늘은 200원이 있어서 간식을 두 개나 먹을 수 있어!"

아이들이 경험한 첫 저축의 기쁨이었다. 200원을 모은 아이들은 300원을 모으겠다는 마음을 자연스레 가지게 되었다. 100원을 간식과 당장 바꾸고 싶다는 큰 유혹을 뒤로 하고 마침내 300원을 모아 세 개의 간식과 바꾼 날, 아이들은 큰 성취감을 맛보았다. 꾸준함이 가져온 성과를 마음만이 아닌 손으로 만져보며 직접 느낀 것이다.

저금통을 세 칸짜리 통으로 선택한 데에는 이유가 있었다. 아이들에게 목표가 멀지 않음을 보여주고 싶었기 때문이다. 처음부터 다섯 칸 통으로 시작했다면 꾸준히 하고 싶다는 생각을 쉽게 가지지 못했을 것이다. 당장 간식을 먹고 싶은 마음이 큰데 무려 다섯 칸이나 모아야 한다는 게 눈에 보이기 때문이다. 아이들에게 꾸준함에 대한 심리적 장벽을 낮추면서, 한번 도전할 만한 자극을 주는 지점이 300원이다. 100원에서 한 번만 더 모으면 200원, 여기서 하루의 끈기만 발휘하면 300원이 되기 때문이다. 이는 교육심리학자 레프 비고츠키(Lev Vygotsky)의 근접이론을 적용한 것이다. 아이의 발달 수준에 맞는 적당한 난이도의 과제를 주면서, 아이의 능동적인 성장을 돕는 이론이다. 엄마의 따뜻한 격려와 응원, 그리고 아이의 능동적인 마음이 만나 300원이란 인내를 경험하게 되었다.

아이에게 이렇게 작은 성공 경험을 차곡차곡 쌓아주는 것이 중요하다. 하루 계획표를 완성하고 받은 100원을 간식 하나로 직접 바꾸었을 때의 기쁨을 알게 하는 것이 중요하다. 스스로 300원을 모은 경험이 있는 아이가 결국 500원, 1,000원을 모을 수 있기 때문이다. 이런 성취감을 경험한 아이는 자신이 하는 일에 대한 자부심, 그리고 꾸준히 하는 것에 대한 긍정적인 인식이 자연스럽게 생기게 된다. 100원부터 시작하는 습관인 셈이다. 심지어 이 습관에는 경제 교육이라는 보너스까지 따라온다.

긍정적인 소비를 통해 커지는 능동성

아이들은 1년 동안 '100원 달력'을 생활화했다. 그리고 어느덧 500원을 손쉽게 모을 수 있고, 간식을 바꾸는 재미가 예전보다 덜해졌을 때 제대로 돈을 모을 수 있는 저금통을 마련해주었다. 아이들이 어릴 때는 100원과 간식을 교환하는 것에 동기 부여가 크지만, 클수록 그 재미는 줄어든다. 이 시기를 아는 것은 옆에서 직접 관찰하는 부모뿐이다. 꾸준함에 대한 긍정적인 인식이 아이의 발달 단계에 맞춰 자연스럽게 연결될 수 있도록 해야 한다.

아이들의 저금통에는 할머니 집에 가서 받은 용돈, 세뱃돈, 하루 계획표를 마치고 받은 100원이 차곡차곡 쌓여갔다. 돈이 어느 정도 모이자 아이들은 자신감이 생겼다. 이 돈으로 자신이 사고 싶은 것을 살 수 있다는 것을 알게 되자 마음의 풍족함도 생겼다. 아이들에게 이런 자신감과 풍족함이 생겼을 때, 먹고 싶은 것을 본인의 돈으로 사 먹고 누군가에게 선물을 하는 근사한 경험을 할 수 있도록 해야 한다. 꾸준함에 대한 동기를 주기 때문이다.

아이가 다니는 음악 학원 앞에 어묵과 호떡을 파는 포장마차가 하나 있다. 이곳 어묵과 호떡이 정말 맛있어서 주변에서 일부러 찾아오는 곳이었다. 포장마차는 찬바람 부는 가을부터 완연한 봄이 되기까지 장사를 했다. 아이는 출출한 오후 시간에 호로록 마셨던 어묵 국물을 정말 사랑했다. '어묵 1,000원'이라는 문구를 유심히 쳐다보던 아이에게 다음번에는 용돈으로 사 먹는 것이 어떠냐는 제안을 했다. 그랬더니 어느 날 음악 학원에 가기 전 짤그락짤그락 소리를 내며 아이가 용돈통을 들고 나왔다.

"엄마. 오늘은 내 용돈으로 어묵 먹을게. 어묵 다섯 개 먹을 거야. 그리고 엄마가 좋아하는 호떡도 내가 사줄게!"

해법 스위치를 켜면 혼자서도 잘하는 아이가 됩니다

아이는 이날 정말 어묵 다섯 개, 그리고 내 호떡 한 개, 아빠에게 줄 호떡 한 개를 포장했다. 호떡 두 개에 3,000원, 어묵 5,000원 무려 8,000원이라는 큰 지출을 결심한 날이다. 짤그락거리는 용돈 통에서 8,000원을 꺼내 아이가 스스로 계산했다.

이날 아이는 '나도 엄마에게 호떡을 사줄 수 있는 사람'이라는 것을 느꼈다. 아이는 더 이상 누군가가 사줘야만 가질 수 있는 수동적인 존재가 아니었다. 자신이 하루를 성실히 살아낸 덕분에 모은 돈으로, 직접 먹고 싶은 것을 계산하고 사주고 싶은 사람에게 선물도 할 수 있는 존재가 되었다. 꾸준함이 만들어낸 능동성을 아이가 직접 경험한 순간이었다.

꾸준히 하다 보니 자연스럽게 느끼는 감사함

아이들과 주말에 나들이를 가기로 했다면 그건 꾸준함에 대한 동기를 불어넣을 정말 좋은 기회다. 모아온 용돈을 사용할 수 있기 때문이다. 토요일 나들이에 가기 전 아이들은 자신이 먹을 간식을 직접 사기 위해서 편의점에 들렀다. 편의점에 가기 전부터 내가 현재 가진 용돈은 어느 정도이고, 이걸로 어떤 간식을 살 수 있는지 이야기해보았다. 소비 목록을 작성한 것이다. 음료수 한 개, 좋아하는 과자 세 개 정도를 미리 생각

113

해서 편의점에 갔다. 그런데 하준이는 간식을 덜 먹더라도 동네 문구점에서 본 포켓몬 카드를 용돈으로 꼭 사고 싶다고 했다. 할아버지가 저번에 사주신 포켓몬 카드 상자에서 카드를 모두 뽑고 나서 한참이 지났기 때문이다.

하준이의 말을 듣고 동네 문구점으로 향했다. 포켓몬 카드 상자에는 카드가 15개 정도 들어 있었고, 1,000원이라는 가격표가 붙어 있었다. 아이는 그 상자를 전부 들고 1,000원을 꺼내어 계산하려고 했다. 그때 사장님이 말씀하셨다.

"얘야, 카드 한 개에 1,000원이야."

하준이가 충격에 휩싸인 표정을 지었다. 자신이 사려고 했던 건 카드 하나가 아닌 한 상자였다. 통에 적힌 1,000원을 보고 상자 한 통의 가격이라고 생각해서 충분히 살 수 있다고 계획했던 거다. 이날 아이는 8,500원의 용돈을 가지고 있었다. 포켓몬 카드를 사고 남은 용돈으로 간식도 충분히 살 수 있을 거라고 믿었던 아이가 혼란에 빠졌다. 포켓몬 카드 열다섯 개를 다 사려면 1만 5,000원이 필요하단 사실에 놀랐다. 할아버지가 사주신 포켓몬 카드 상자가 3만 원이 넘을 정도로 비싸다는 걸 알게 된 것이다. 그냥 받을 때는 몰랐는데, 막상 자신이 사려고 하니 그 금액의 무게가 느껴졌을 것이다.

이날 아이가 깨달은 건 할아버지에 대한 감사함이었다. 용돈을 모아보니 그것이 쉽지 않은 일인 줄 알았고, 큰 금액을

해냄 스위치를 켜면 혼자서도 잘하는 아이가 됩니다

자신에게 기꺼이 선물해준 할아버지에게 감사한 마음과 사랑을 느꼈다. 하준이는 결국 포켓몬 카드를 두 장만 샀다. 그러고는 간식을 사서 돌아오는 길에 말했다.

"엄마, 포켓몬 카드 상자가 그렇게 비쌀 줄 몰랐어."

"할아버지가 하준이를 정말 사랑하시는 마음에 보내준 선물이 아닐까?"

"다음엔 내가 할아버지에게 선물해야지!"

우리는 직장인의 본분에 최선을 다했기에 매달 월급을 받는다. 아이들도 더 멋진 어른으로 자라나기 위해 하루의 계획표를 세워 움직이고, 그에 대한 답으로 나에게 하루에 100원을 받아 모으고 있다. 이 100원이 중요한 이유는, 아이들의 삶과 직접적으로 연결되어 있기 때문이다. 사고 싶은 포켓몬 카드를 살 수 있고, 엄마에게 호떡 한 개를 사줄 수도 있다. 그러다 돈이 모자란 것을 경험하게 되고, 할아버지가 준 마음의 크기를 다시 한번 느끼게 되기도 한다.

이 과정에서 아이가 느낄 가장 큰 가치는 바로 꾸준함의 힘이다. 꾸준히 하다 보면 자신이 누릴 수 있는 선택지들이 늘어난다는 것을 배운다. 아이는 자신이 한 모든 선택에서 배운다. 500원을 모은 아이가 1,000원을 모을 수 있고, 그 돈으로 할아버지에게 선물을 한 경험이 있는 아이가 다른 사람을 위해 기꺼이 자신의 것을 베풀 수도 있다. 아이의 습관을 더 즐겁고

115

꾸준한 방법으로 잡아주고 싶다면, '100원 달력'에서 시작해 보자. 언제나 거창하지 않은 것에서 큰 가치가 탄생한다.

▶▶  100원 달력 사용법 ◀◀

아이들이 사용한 100원 달력

| 하루 계획표를 지키고 100원 달력에 스스로 체크하는 다섯 살 하준이의 모습 | 하루 계획표를 지키고 100원 달력에 스스로 체크하는 세 살 하윤이의 모습 |

해냄 스위치를 켜면 혼자서도 잘하는 아이가 됩니다

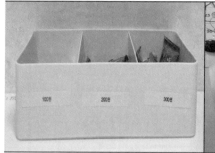

| 100원, 200원, 300원 용돈과 바꾸는 간식 통 | 아이가 완성한 한 달 100원 달력 표 |

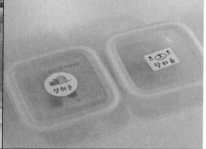

| 아이 용돈으로 직접 어묵과 호떡을 산 날 | 아이들이 차곡차곡 용돈을 모으는 저금통 |

117

'시도하는 마음'은 특별한 능력이다

《사업을 한다는 것》의 저자 레이 크록(Ray Kroc)의 글 중에 기억에 남는 문구가 있다. 그는 사람들이 자신이 하루아침에 성공한 줄 알지만, 그 아침을 맞이하기 위해 30년 동안 긴 밤을 보내야 했다고 말했다. 레이 크록은 우리가 흔히 가는 맥도날드를 53세에 창업한 사람이다. 우리에게 친근한 KFC 할아버지인 커넬 샌더스(Colonel Sanders)도 1008번의 거절 끝에 65세에 KFC 프랜차이즈를 만들었다. 이 사람들의 공통점이 무엇일까? 바로 셀 수 없이 시도했다는 점이다. 이처럼 시도하는 마음은 삶을 결국 원하는 곳으로 이끌어준다. 이 마음은 아이

118

들의 생활 곳곳에서 발견할 수 있다. 어떤 아이는 어려운 문제를 만났을 때 끝까지 자신의 힘으로 밀고 나가지만, 어떤 아이는 어려운 문제를 만나자마자 연필을 내려놓는다. 자신이 풀 수 없다고 생각하는 것은 시도조차 하지 않는 것이다.

실패해도 끝까지 해보려고 하는 아이는 무엇이 다를까? 특별한 아이에게만 주어지는 도전 의식이 아닐까? 소심한 내 아이에게도 가능한 일일까? 이런 물음들이 떠오를 수 있다. 하지만 시도하는 마음은 특별한 아이에게만 주어지는 능력이 아니다. '시도해보는 것이 좋다'라는 경험이 쌓이면 된다. 지금은 비록 실패했을지라도 연습해서 다시 시도하면 된다는 작은 경험들이 일상 안에서 누적되면 된다. 바로 그 경험이 시도하는 마음이 된다.

아이에게 시도하는 마음 심어주기

하준이는 새로운 일을 시도하는 일을 정말 어려워하는 아이였다. 어릴 적부터 낯선 환경과 사람에 대한 불안이 무척 높았다. 본인 기준에 안전하지 않은 상황이라 판단되면 한 발짝도 나서지 않았다. 그 자리에 주저앉아 울기 일쑤였다. 그렇다 보니 시도하는 마음은 특별한 아이에게만 주어진다는 걸 믿었던 때가 있다. 하지만 시도하는 마음도 자꾸 연습하다 보면

119

누구나 가질 수 있는 가치라는 걸 바로 내 아이를 통해 느꼈다.

하준이가 일곱 살 때 일이다. 유치원에서 친구들이 종이접기를 하는 것을 보고 본인도 하고 싶었던 모양이다. 집에서 종이를 가지고 몇 번 접어보다 안 되니 금방 다른 놀이를 했다. 그런데 다음 날에도 아이는 종이를 가지고 와서 다시 한 번 자리에 앉았다. 아마 유치원에서 잘 접는 친구를 보고, 본인도 접어보려고 애를 쓰지만 잘 되지 않아서 속상한 마음이 있었을 거다. 심지어 집에서도 마찬가지니, 종이접기는 이제 영영 돌이킬 수 없는 강을 건널 위기에 처했다.

아이가 해보고 싶은 마음이 들지만, 생각처럼 되지 않을 때가 있다. 엄마는 이런 순간들을 놓치지 말아야 한다. 시도라는 좋은 친구를 아이 옆에 둘 수 있는 절호의 기회이기 때문이다. 이런 소재를 통해 실패해보고, 연습하고, 나아지는 긍정적인 경험을 쌓을 수 있다. 이 과정들이 모여 합해진 것이 '시도하는 마음'이다. 시도도 꾸준히 하면 습관이 된다. 아이가 삶을 이끌어가는 큰 힘이 되어줄 시도란 친구를 어떻게 곁에 둘 수 있을까? 그것이 '좋다'라는 걸 알게 할 방법이 있을까?

해냄 스위치를 켜면 혼자서도 잘하는 아이가 됩니다

아이의 시도 확률을 높이는 세 가지 단계

▶▶ 1. 아이의 현재 수준 파악하기 ◀◀

우선 내 아이의 현재 수준을 잘 파악해야 한다. 하준이에게 종이접기가 어려운 이유를 살펴보니, 손에 힘이 없어서였다. 종이접기에도 여러 기능이 필요하다. 종이를 바르게 맞추는 시지각 협응, 종이를 꼼꼼하게 접을 수 있는 소근육, 처음부터 끝까지 접을 수 있는 집중력 등 종이 하나를 접는 일에도 다양하고 종합적인 능력들이 필요하다.

하준이는 종이를 꼼꼼하게 피고 접는 걸 어려워해서, 소근육을 키울 수 있는 활동들을 시작했다. 마분지 접기, 두꺼운 종이 자르기, 물감을 팔레트에 쭉 짜기, 집게 사용하기, 블록 놀이 등과 같이 손의 힘을 기를 수 있는 활동들에 집중했다. 거창한 준비물이 필요한 게 아니다. 집에 있는 물건들로 아이와 시간이 날 때마다 짬짬이 연습하면 된다.

중요한 건, 아이가 할 수 있는 수준에서부터 시작해야 한다는 것이다. 종이접기에 대한 마음이 달아나지 않도록 아이가 해낼 수 있는 과제를 제시해야 한다. 아이가 할 수 있는 내에서, 다음 단계로 넘어가기에 도움이 되는 연습을 시켜주면 된다. 마치 더 잘 달리기 위하여 몸을 충분히 예열하는 것과 같다. 아이가 어느 정도 준비가 되었다는 타이밍은 오직 엄마만

121

안다. 예전보다 쉽게 종이를 자르고, 블록을 끼운다면 다음 단계로 넘어갈 때가 된 것이다.

▶▶ 2. 서서히 다음 단계로 높이기 ◀◀

집에서 네모 아저씨 종이접기 유튜브를 함께 보며 쉬운 단계의 딱지 접기부터 시작했다. 아이가 한번 시도해보더니, 생각보다 딱지가 쉽게 접히는 것을 느낀 모양이었다. 그 후로 표창 딱지, 비행기 등 찬찬히 단계를 높여가며 종이를 접어 나갔다. 그러다 아이는 유치원 친구들이 가지고 노는 페이퍼 블레이드(종이 팽이)를 접고 싶다는 목표를 세웠다. 아침마다 일어나서 종이접기를 하더니 어느 날 종이접기 책이 필요하다고 말했다. 유튜브는 엄마가 틀어줘야만 볼 수 있지만 종이접기 책은 언제든 자신이 펴볼 수 있다는 이유에서였다. 그날 도서관에서 가서 아이와 종이접기 책을 빌리고, 곧 전권을 구매했다.

책이 생긴 후부터 아이는 수시로 책을 펴서 종이접기를 했다. 그리고 유치원에도 책을 가져가서 친구들과 종이를 함께 접으며 더욱 즐겁게 시간을 보냈다. 시도조차 어려웠던 종이접기가 아이에게 가장 재밌는 놀이가 된 것이다. 아이는 이제 접다가 어려운 구간이 나와도 쉽게 포기하지 않는다. 3단계 책을 접다 어려우면 1단계 책을 꺼내 다시 차근히 연습한다.

자신이 할 수 있는 것부터 연습하다 보면, 결국 원하는 것을 접을 수 있다는 걸 경험으로 익혔기 때문이다. 아이가 5단계 책을 접기까지 무려 4개월이 걸렸다. 지금은 유치원에서 친구들이 원하는 종이 팽이는 무엇이든 접어주는 아이가 되었다.

▶▶ 3. 시도 확장하기 ◀◀

종이접기는 아이에게 시도라는 좋은 친구를 곁에 둘 수 있게 해준 가장 고마운 친구다. 그리고 잘하고 싶다면 반드시 연습이 필요하다는 것을 알게 해준 소재이기도 하다. 아이가 해결하기 어려운 문제를 만날 때마다 종이접기라는 친구를 슬쩍 꺼낸다.

"하준아, 우리 종이접기도 처음에 어려웠었잖아. 그런데 많이 연습했더니 이젠 잘하게 됐지? 한번 해봤으니, 두 번 할 때는 조금 더 쉬울 거야."

"종이 접는 걸 어려워서 시도하지 않았다면, 이렇게 잘 접을 수 있게 되었을까?"

"한번 해봤더니, 이렇게 재밌다는 걸 알게 되었네!"

아이는 종이접기에서 얻은 경험으로 시작하기 어려운 과제에 도전하기 시작했다. 줄을 한 번 넘기까지 100번 넘게 연습했던 줄넘기도 아이는 '해보자'는 마음으로 끝까지 임했다. 문제집을 풀다 어려운 수학 문제를 만날 때도 쉽게 포기하지

123

않고, 스스로 해결하는 방법을 찾아냈다. 손가락 열 개를 펴서 세어보다 안 되면, 수를 잘 셀 수 있는 다양한 수학 교구를 가지고 와서 다시 자리에 앉았다. 그랬더니 어느새 줄넘기는 줄에 한 번도 걸리지 않고 50번까지 넘게 되었고, 수학은 아이가 틈날 때마다 색종이에 스스로 문제를 내고 풀 만큼 가장 좋아하는 일이 되었다.

시도하는 마음이 특별한 능력인 이유

아이에겐 종이접기를 통해 시도하는 것에 대한 긍정적인 마음이 생겼다. 처음에 잘하지 못하더라도 연습하면 잘할 수 있다는 믿음이 생겼다. 좋아하는 것을 잘하기 위해서는 어느 정도 시간이 필요하다는 걸 알게 되었다. 시도해보면 실패하더라도 남는 게 있다는 걸 아이는 생활 속에서 배웠다. 시도 뒤에 남은 긍정적 감정은, 아이가 다른 것을 시도해볼 용기를 주었다.

포기도 자꾸 하다 보면 습관이 된다. 포기가 습관이 되기 전에, 아이에게 시도하는 기쁨을 누리게 해주자. 종이접기부터 차곡차곡 쌓아 올린 마음이 훗날 아이의 삶을 더 견고하게 만들어줄 것이라 믿는다. 흔들릴지언정 부러지지 않는 마음이 바로 이런 경험에서 나온다. 하지만 아이 혼자서 짊어지기엔 어려움이 있다. 아이가 시도하고자 했을 때, 그것이 좋은 경험으로 남을 수 있으려면 시도해보고자 하는 엄마의 마음이 필요하다. 엄마의 이 마음에는 속도가 다를지라도 아이는 반드시 성장한다는 믿음이 있다. 이 믿음이 아주 작은 단계부터 아이와 차근히 함께해 나갈 힘을 준다. 아이가 요즘 자주 하는 말이 있다.

"엄마, 나 우선 해볼게! 안 되면 연습하면 되지!"

시도하는 마음은, 특별한 아이만 가질 수 있는 재능이 아니다. 엄마의 믿음과 아이의 속도가 함께 만날 때 만들어지는 특별한 능력이다. 아이는 이 특별한 능력을 다정히 마음에 품는다. 그리고 오늘도 자신이 가고자 하는 방향으로 한 걸음을 내딛는다.

일곱 살 시도의 흔적들

① 종이 접기를 힘들어 하던 시기	② 서서히 다음 단계로 올라가던 때

③ 목표로 했던 페이퍼 블레이드를
수없이 연습했던 날들

④ 친구들이 원하는 팽이를 무엇이든
접어줄 수 있게 된 시점

엄마의 믿음과 아이의 포기하지 않은 마음이 만든 작품들

해냄 스위치를 켜면 혼자서도 잘하는 아이가 됩니다

'내 아이는 지금 무얼 좋아할까?' 점검표

아마도 이 점검표를 적는 일이 생각보다 쉽지 않을 것이다. 평상시에 내 아이가 무엇을 좋아하는지 어렴풋이 떠올릴 수 있지만, 정확히 생각해볼 기회가 많이 없기 때문이다. 나는 아이가 초등학교에 입학하는 가정으로 매년 아이의 강점 점검표를 보낸다. 생각보다 많은 부모님이 칸을 미처 채우지 못한다. 모든 부모는 내 아이를 사랑하는 만큼 관심이 많다. 하지만 그 관심이 내 아이가 지금 무엇에 흥미가 있는지로는 이어지지 않는 안타까운 경우가 종종 있다.

우리 아이가 지금 무엇을 좋아하는지, 그것들의 공통점이 무엇인지를 생각하다 보면 생각지 못한 아이의 모습이 보이기 시작한다. 스위치를 켜면 어두운 방 안이 환하게 밝혀지듯이, 아이의 흥미 점검표를 적고 나면 '내 아이의 흥미 지도'가 그려진다.

아이가 좋아하는 것의 '공통점'을 알면, '왜' 좋아하는지를

127

찾을 수 있다. 그것을 아이와의 습관 형성, 관계 구축, 학습 태도의 열쇠로 삼을 수 있다. 아이가 성장함에 따라 아이의 흥미도 매번 변한다. 아이의 변화가 보일 때마다 내 아이가 좋아하는 것에 대한 점검표를 작성하고 엄마의 언어로 정리해보시길 추천한다.

단계	질문
1단계. 아이가 좋아하는 것 적기	√ 아이가 좋아하는 것 10가지를 써주세요. (좋아하는 음식, 좋아하는 놀이, 좋아하는 언어, 좋아하는 행동) 우리 (　　)이가 좋아하는 것 1. 예) 만둣국 ＿＿＿＿＿＿ 6. ＿＿＿＿＿＿ 2. 예) 종이접기 ＿＿＿＿＿ 7. ＿＿＿＿＿＿ 3. 예) 안아주기 ＿＿＿＿＿ 8. ＿＿＿＿＿＿ 4. ＿＿＿＿＿＿＿＿＿＿＿ 9. ＿＿＿＿＿＿ 5. ＿＿＿＿＿＿＿＿＿＿＿ 10. ＿＿＿＿＿
2단계. 공통점 찾기	√ 1단계의 내용을 같은 종류별로 묶어보세요. | 음식 | 놀이 | 언어 | 행동 | | | | | | √ 이걸 아이가 왜 좋아하는지 엄마의 생각을 적어보세요. | 음식 | 놀이 | 언어 | 행동 | | | | | |

	√ 아이의 흥미를 파악하기 위한 종류별 공통점을 다양하게 적어보세요.			
	음식	놀이	언어	행동
	예) 말랑하다	예) 몸을 움직임	예) 격려	예) 포옹
3단계. 한 문장으로 방향 정하기	√ 내 아이가 좋아하는 흥미의 공통점을 써봅시다. (한 단어도 좋지만, 여러 단어가 들어가도 좋습니다.) 예) 우리 한빛이가 좋아하는 놀이의 공통점은 함께 노는 것, 형태 만들기다. 우리 _____ 가 좋아하는 음식의 공통점은 _____ 다. 우리 _____ 가 좋아하는 놀이의 공통점은 _____ 다. 우리 _____ 가 좋아하는 언어의 공통점은 _____ 다. 우리 _____ 가 좋아하는 행동의 공통점은 _____ 다.			
4단계 7:3 법칙에 적용하기	√ 아이의 마음을 여는 습관 잡기 음식 : 아이가 좋아하는 _____ 을 먹으며 가족 회의하기 놀이 : 아이가 좋아하는 _____ 을 넣어 계획표 작성하기 언어 : 아이가 좋아하는 _____ 을 하루에 한 번 말해주기 행동 : 아이가 좋아하는 _____ 을 잠들기 전 매일 해주기			

129

3장.

좋은 관계가
'기분 좋게 해내는 아이'를
만든다

'문제를 해결하는 아이'로 키우는 가족회의

'입학식 10시 50분 시작, 미 급식, 입학식 후 자녀와 함께 귀가'

아이들 입학식 안내 문구를 확인하자마자 한숨부터 나왔다. 참석하기 어려운 일정이었기 때문이다. 참석하고 싶은 마음은 굴뚝 같은데 뾰족한 방법이 없으니 마음에 원망만 들어앉았다. 원망도 결국 내가 만든 선택이라는 걸 되뇌었다. 신랑과 긴 논의 끝에 참석할 방법을 찾았다. 그런데, 겨우 가게 된 아이들 입학식에 생각지 못한 문제가 생겼다.

문제는 두 아이의 오리엔테이션이 각 반에서 동시에 진행된다는 것이었다. '내 몸은 하나인데, 아이는 둘이니 이를 어

131

쩌나!' 싶었다. 첫째도 새로 옮긴 기관에 마냥 혼자 둘 수만은 없고, 둘째도 유치원이 처음이니 꼭 같이 있어주어야 했다. 결론은 아이 둘 다 내가 필요했다. 고민을 해봐도 뾰족한 답이 없을 때 우리는 항상 식탁으로 모인다. 문제를 부모의 것으로만 가지고 있을 땐 답이 보이지 않지만, 아이와 함께 고민해보면 신기하게도 답이 생기기 때문이다. 우리는 이 시간을 '식탁 가족회의'라고 부른다.

문제를 함께 해결하며 자라나는 아이의 독립심

식탁 가족회의의 정의는 매우 단순하다. 아이들이 좋아하는 음식이나 간식을 준비해서 함께 맛있게 먹으며 이야기를 나누는 시간이다. 좋아하는 음식을 준비하면 아이들은 식탁으로 자연스레 모여든다. 그리고 맛있는 음식은 아이들의 마음도 한결 편안하게 열어준다. 그날 저녁, 아이들이 좋아하는 소고기가 푸짐하게 들어간 미역국을 준비했다. 따끈한 밥, 김이 모락모락 나는 미역국을 함께 먹으며 이야기를 나눴다.

"하준아, 하윤아. 이제 곧 유치원에 입학하잖아. 엄마가 하준이 하윤이 입학식을 축하해주고 싶어서 꼭 갈 거야. 그런데 같이 고민해야 하는 문제가 있어. 하준이랑 하윤이 반에서 선생님과 이야기 나누고 설명을 들어야 하는 시간이 있는데, 그때 엄마는 한 명인데 두 명의 반에 들어가야 하니 어쩌면 좋지?"

아이들은 내 말을 듣더니 잠시 고민했다. 그리고 너무나 명료한 답을 내려주었다.

"그러면 우리 반에 왔다가 하윤이 반으로 가면 되겠다!"

"그리고 하윤이 반에 있다가 오빠 반으로 가!"

"그래? 엄마가 그렇게 해도 되겠어? 진짜 좋은 생각이다. 그럼, 누구 반에 먼저 가면 좋을까?"

아이들은 저마다의 의견을 냈다.

"엄마, 우리 반부터 와줬으면 좋겠어. 낯설어서 무서울 것 같아."

"우리 반부터! 오빠, 나도 무서워!"

"그러면 우리 반에서 같이 있다가 하윤이 반으로 가면 어때?"

"처음엔 하준이 반에서 함께 있고, 시간이 되면 엄마랑 하윤이는 나가도 될까?"

"응. 엄마, 괜찮아. 무서우면 내가 찾아갈게."

처음엔 셋이 함께 하준이 반에 있다가, 시간이 되면 하윤이를 데리고 하윤이 반으로 이동하기로 했다. 그 후 내가 두 반을 차례대로 왔다 갔다 하는 것으로 최종 협의를 마쳤다. 아이들은 모두 "좋아! 괜찮아."라고 대답했다. 회의를 통해 아이들은 스스로 할 수 있는 부분과 어려운 부분에 대해 솔직하게 이야기했다. 그랬기에 우리는 가장 좋은 방법을 찾아낼 수 있었다. 이 과정을 통해 자라난 건, 누군가에게 의존하지 않고 스스로 문제를 해결하는 독립심이었다.

식탁 가족회의를 통해 키우는 '나는 문제를 해결하는 사람'이라는 인식

유치원 입학식 날, 아이들은 우리가 식탁에서 말한 것보다 더 근사하게 해냈다. 처음 가본 낯선 유치원, 새로운 선생님, 엄마나 아빠와 같이 앉아 있는 친구들 속에서 아이들은 의젓하게 혼자 시간을 보내며 교실에서 기다려주었다. 식탁에서 아이들이 자신들의 생각을 말했고, 서로가 가장 좋은 방향으로 협의했기 때문에 가능한 일이었다. 혹시라도 내가 내린 결정을 아이들에게 그저 통보했다면, 아이들이 의젓하게 기다릴 수 있었을지 의문이 든다. 내가 어떻게든 방법을 찾아내어 입학식에 참석했을지라도, 첫째에겐 "동생은 유치원이 처음이니까 반에서 혼자 좀 있어."라고 요구하고, 둘째에게는 "이제 다섯 살이 되었으니까 혼자 있을 수도 있지."라고 이야기했다면 참석하기 위해 애썼던 내 마음이 아이들에게 잘 전달되었을까?

해냄 스위치를 켜면 혼자서도 잘하는 아이가 됩니다

아이들이 가족이 되었다는 건, 가족 공동체로서 인정하는 일을 뜻한다. 그 말은 단순히 나의 결정이나 지식을 통보하거나 전달하는 존재가 아니라, 가족의 일을 함께 고민하고 좋은 방향을 생각해보는 '파트너'로 여긴다는 것이다. 모든 부분에서 아이들이 파트너가 될 순 없겠지만, 식탁 가족회의에서만큼은 파트너로서 존재해야 한다. 문제를 해결할 때 아이들을 육아의 대상으로만 여기면, 자칫 나의 요구나 아이들의 요구 한쪽만의 생각을 지나치게 반영하게 된다. 나는 아이들의 생각을 모르고, 아이들은 나의 입장을 모르기 때문이다. 그렇게 되면 결국엔 쉽게 해결할 수 있는 문제도 복잡해지고, 서로의 진심을 확인하지 못한 채 감정만 상할 수 있다. 문제를 해결하려다 더 크게 키우는 격이 된다.

아이들을 육아의 파트너로 인정한다는 건 결국 해냄 스위치를 켠다는 말이다. 아이들은 아이들의 삶을 살아가는 주체이기에, 아이의 문제를 부모가 함부로 결정해선 안 된다. 그리고 놀랍게도 아이들은 존중의 마음을 고스란히 느낀다. 그렇기에 아이들도 자신이 조금 손해를 보더라도, 함께 해결할 수 있는 가장 좋은 방법을 찾는다. 식탁 가족회의를 통해서 서로의 생각과 입장을 충분히 나누고 고려하는 방식으로 문제를 해결하는 법을 알려줄 수 있다. 이 경험이 심어주는 가장 큰 가치는 '나는 문제를 해결할 힘이 있는 사람'이라는 인식이다.

135

이런 인식을 통해 아이들은 자신에 대한 믿음인 '자존감'을 쌓아간다.

아이들은 문제를 해결할 힘이 있는 존재

둘째가 네 살, 하준이가 여섯 살부터 시작한 식탁 가족회의는 자연스레 우리의 일상이 되고, 가족의 문화로 자리 잡았다. 나의 개인적인 고민을 아이들에게 털어놓고 답을 구하기도 하고, 아이들도 자신들의 세상 속에서 일어나는 일들을 자연스레 식탁으로 가지고 와서 말했다. 7:3 법칙, 무조건 하게 되는 계획표, 주인공 데이, 스포츠 데이, 엄마 데이, 가족 책 발표 데이 등 우리집에서 하는 모든 가족문화의 시작은 바로 여기, 식탁에서부터 출발했다.

실은 나와 아이들의 고민에 칼로 무를 자르듯 속 시원한 정답이 없을 때도 있다. 하지만 중요한 건 우리가 문제를 공유함으로써 더 좋은 방향을 함께 찾아가고 있다는 사실이다. 생각보다 아이들은 가족 파트너로의 역할을 현명하게 해낸다. 그저 기회가 없었을 뿐이다.

엄마의 직장 생활 푸념에 "정말 힘들었겠다."라고 공감해줄 때도 있고, "엄마가 그냥 기분 나쁘다고 말해."처럼 내가 가장 듣고 싶은 말을 벅벅 긁듯이 해줘서 속이 다 시원할 때가 있다. 아이들을 파트너로 인정하고 존중함으로써 도리어 내가 더 많은 걸 받는다. 식탁 가족회의는 아이들의 문제는 나만의 것이 아니라는 걸 받아들이는 것에서부터 시작이다. 그 현장에 직접 들어가 삶을 꾸려나가는 주체는 아이들 자신이므로, 아이들을 제외하고 고민을 해결할 수 없다는 마음으로 임해야 한다. 그래서 우리는 고민이 생겼을 때마다 아이들이 좋아하는 간식이나 음식을 두고 식탁에 앉는다.

"우리 함께 이야기해야 할 문제가 생겼어. 너희들의 도움과 생각이 필요해."

배려받은 아이가 배려하는 아이로, '주인공 데이'

"엄마!! 오빠가 또 새치기했어!"

"어제는 네가 먼저 했잖아!"

아이 둘이 자라면서 싸우는 횟수가 부쩍 늘었다. 가만히 살펴보니 둘이 싸우는 주요 요인은 '먼저 하고 싶어서'였다. 아이들은 밥을 먹기 전에 숟가락을 먼저 고르거나, 현관문 앞에서 신발을 먼저 신겠다고 내내 다퉜다. 싸움이 끊이지 않자 준비를 빨리 끝낸 사람에게 먼저 기회를 줬다. 그러다 보니 하윤이에게 공평하지 않았다. 예를 들면, 양말 신기나 옷 입기가 그랬다. 아무리 빨리 해도 두 살 위인 오빠보다 먼저 할 순 없었다. 급하게 옷을 입다가 옷이 머리에 걸려서 엉엉 우는 하윤이를 바라보며 속으로 '이건 아닌데…'라는 생각이 들었다. 그런데 두 아이 모두에게 좋은 방법이 무엇인지 쉽사리 답이 떠오르지 않았다. 사소해 보이는 이 문제가 아이들에게는 전혀 사소한 일이 아니었다.

엄마가 머리 싸매도 정답이 나오지 않는 일에는 가장 좋은 해결 방법이 있다. 바로 아이들에게 물어보는 것이다. 아이들이 좋아하는 불고기 반찬을 준비해서 저녁 식탁에 모였다.

"하준아, 하윤아. 같이 의논했으면 하는 문제가 있어. 요즘 먼저 하고 싶은 마음에 둘이 자주 싸우잖아."

아이들은 뜨끔한 표정을 지었다가 이내 쌓아두었던 불평을 쏟아내었다.

"엄마! 분명히 내가 먼저 화장실에 들어왔는데 오빠가 먼저 손 씻으려고 했어!"

"어제는 네가 먼저 했으니까 오늘은 내가 먼저 하려고 그런 거지!"

"맞아. 엄마가 이야기를 들어보니 각자 이유가 있네. 그런데 누가 먼저 했는지 기억이 나지 않고, 나는 먼저 하고 싶은 마음이 크면 어떡하면 좋을까?"

아이들은 그간 쌓인 불만이 많으면서도 동시에 문제점도 함께 느끼고 있었다. 어쩌면 아이들은 이 심각성을 더 깊게 느끼고 있었을지도 모른다.

아이들이 먼저 하고 싶은 이유가 뭘까?

아이들에게 좋은 방법을 찾기 위해선, 아이들이 이토록 '먼저'에 진심인 이유를 알아야 했다. 아이들이 왜 먼저 하고 싶어하는지 찬찬히 생각해봤다. '왜?'라는 물음을 던지니, 아이들이 지나치며 했던 말들이 함께 떠올랐다.

"엄마! 유치원에서는 준호가 가장 먼저 손을 씻어. 달리기가 제일 빠르거든. 다음번엔 내가 먼저 씻고 싶어."

"엄마! 유치원에서는 정리를 먼저 끝내야 첫 번째로 줄을 설 수 있어."

아이들이 스쳐 지나가며 한 말들 속에서 진짜 이유가 보였다. 아이들은 유치원에서 먼저 하고 싶지만, 먼저 할 수 없는 순간들이 많았을 것이다. 매번 달리기가 빠르지도 않고, 항상 정리를 먼저 할 수도 없을 테니 말이다. 그랬기에 집에서만큼은 먼저 하고 싶다는 마음이 들었을지도 모른다. 아이를 있는 그대로 받아들이자, 가야 할 방향이 보였다. 아이들에게 마음 편히 먼저 할 수 있는 '주인공 자리'를 보장해야겠다는 생각이 떠올랐다. 아이들도 자신들의 일이기에 적극적으로 의견을 냈고, '돌아가면서 하는 것'으로 생각이 모아졌다. 내 마음과

140

아이들의 생각이 합쳐져 주인공 데이가 탄생한 날이었다.

"우리 하루씩 주인공을 정할까? 주인공인 사람은 뭐든지 먼저 할 수 있는 날인 거지. 어때?"

"와, 엄마. 진짜 좋다!!"

아이들은 주인공 데이라는 아이디어에 무척 기뻐했다. 지금은 '하윤이 데이', '하준이 데이' 이렇게 이날의 주인공 이름을 넣어서 부르고 있다.

가족회의에서 주인공 데이를 정하는 세 가지 단계

▶▶ 1. 주인공 데이의 의미 정하기 ◀◀

주인공 데이가 가지는 의미는 가족마다 다를 수 있다. 먼저하는 것이 주인공이 될 수도 있고, 하루의 특정한 가치(양보, 배려 등)를 정해서 주인공을 만들 수도 있다. 그리고 이건 아이가 하나여도, 혹은 서너 명이 되더라도 얼마든지 적용할 수 있는 간단한 방법이다. 우리 가족이 정한 주인공 데이의 의미는, 이날 하루는 그 사람이 모든 선택권을 우선으로 가진다는 뜻이다. 서로 먼저 하고 싶어 싸우는 아이들에게 정확한 기준을 준 것이다. 오빠니까 양보하는 것도 아니고, 동생이니 먼저 해야 하는 것이 아니었다. 그날의 주인공 자리를 보장함으로써 아이가 조급해하지 않아도 되게끔 해주었다. 주인공 데이 탄생

141

에 아이들은 모두 동의했고, 주인공이 되어서 하고 싶은 목록을 함께 작성했다.

▶▶ 2. 주인공이 되어 하고 싶은 목록 작성하기 ◀◀

밥 먹기 전 숟가락 먼저 고르기, 양치 먼저 하기, 신발 먼저 신기, 현관문 먼저 열기, 엘리베이터 버튼 먼저 누르기, 집에서 돌아와서 손 먼저 씻기, 목욕 먼저 하기, 목마를 때 정수기에 물 먼저 마시기, 보고 싶은 영어 영상 먼저 고르기, 잠자리 독서 시간 때 책 먼저 고르기, 차에 앉았을 때 안전벨트 먼저 하기

아이들과 먼저 하고 싶은 목록들을 함께 이야기하며 정해나갔다. 생각보다 먼저 하고 싶은 일들이 많았다. 일상생활 속에서 당연하게 일어나는 일이라 눈치채지 못했지만, 아이들에게는 이 작은 일들이 싸우면서까지 쟁취하고 싶었던 중요한 일이었다.

▶▶ 3. 주인공이 되는 날짜를 구체적으로 정하기 ◀◀

주인공이 되어 먼저 하고 싶은 목록을 정했으니, 주인공이 되는 구체적인 날짜를 이야기했다. 달력을 보며 아이들과 함께 이야기를 나누었다. 달력에서 짝수인 날은 하준이의 날, 홀수인 날은 하윤이의 날을 하기로 정했다. 그런데 8월 31일처

럼 홀수로 끝나서, 다음 달에 바로 1일인 홀수로 이어지는 날은 어쩌면 좋을지 난감했다.

"이날은 어떡하면 좋을까?"라는 나의 물음에 하준이가 시원하게 대답해주었다.

"괜찮아. 하윤이 두 번 하기로 하자."

"고마워. 오빠, 나도 많이 양보할게."

만약 협의가 원만하게 이루어지지 않는다면 아이들에게 의견을 물어 더 좋은 방법을 생각해도 좋고, 예외의 날을 정해도 좋다. 그게 아니면 짝수, 홀수 상관없이 간단하게 날짜 순서대로 차례를 바꿔나가면 된다. 우리는 더 쉽게 기억하기 위해 짝수, 홀수로 정했다.

주인공 데이를 정한 건 아이들이 네 살, 여섯 살이었던 작년의 일이었다. 지금 어느덧 1년이 훌쩍 지나 일상에 스며든 가족문화가 되었다. 아이들은 일어나자마자 달력에서 날짜를 확인한다.

"오늘은 내가 주인공이다!"

아이들은 주인공 데이를 정한 후부터 먼저 하고 싶은 것으로 싸우지 않는다. 아이들은 서로 공평한 기회를 얻고 있다고 생각한다. 혹시나 자신이 먼저 하고 싶은 것이 있을 땐, 주인공 데이인 사람에게 이렇게 양해를 구한다.

"내가 먼저 해도 돼?"

143

주인공이 보장된 후 아이들은 한결 너그러워졌다. 양보와 배려를 알려주기 위해선, 소유의 개념이 먼저 확립되어야 한다는 법칙은 주인공 데이에도 적용이 되었다. 주인공 데이라는 소유가 보장되고 나니, 자신의 것을 나눠줄 마음의 공간이 생겨났다. 아이들은 일상 안에서 서로를 배려하고 양보하는 횟수가 늘었고, 그 기억이 서로에서 하나둘 쌓여갔다. 그렇게 쌓인 다정함의 힘을 부모에게, 형제에게, 친구들에게 다시 돌려주었다.

아이들이 주인공이라는 말을 유독 좋아하는 이유가 뭘까?

아이들의 세상에서 주인공이 되는 것은 생각보다 어렵다. 언제나 나보다 잘하는 친구들이 존재하기 때문이다. 공부를 더 잘하는 친구들, 종이접기를 더 잘하는 친구들, 축구를 더 잘하는 친구들, 발표를 더 잘하는 친구들. 특정한 것을 잘하는 한 사람이 주인공이 되려면, 아이들이 주인공이 되기까지 걸리는 시간은 너무 길다. 심지어 되지 못할 수도 있다. 그걸 아이들도 경험을 통해 이미 알고 있다. 가정에서는 정말 사소한 것만으로도 아이를 주인공으로 만들어줄 수 있다. 숟가락을 먼저 고르는 것으로, 손을 먼저 씻는 것으로 주인공이 될 수 있는 곳이 세상에 존재할까? 오직 가정에서만 할 수 있는 일이다. 이것이 바로 가족이 가진 가장 강력한 힘이다.

사소한 일에서부터 아이에게 주인공이 될 기회를 제공하면, 아이는 이런 마음을 차곡차곡 쌓아 자신이 가진 감정과 생각의 주인공이 될 준비를 한다. 그리고 이 주인공의 가치는 나에게만 보장된 기회가 아니라, 다른 사람과 하루씩 돌아가기에 특별하다는 것을 깨닫게 된다. 이를 통해 내가 아닌 다른 존재를 받아들이고, 존중하는 힘을 자연스레 연습한다. 이 경험은 가족이라는 단단하고 따스한 울타리 안에서 쌓아갈 수 있다.

아이들은 돌아가며 아주 사소한 것의 주인공이 되고 있다. 처음에는 우선권을 주는 개념이었지만, 이제는 아이들이 잘하는 일의 개념이 되었다. 아이들은 유독 자신이 주인공인 날에 더 열심히 한다. 손을 잘 씻고, 수저를 잘 고르고, 양치를 잘하고, 신발을 잘 신는다. 아이들에게도 이 사실을 자주 말해주고, 알려주자.

"하윤이는 오늘 신발 잘 신는 주인공이구나!"
"하준이는 오늘 양치 잘하는 주인공이구나!"

사소한 일상이 쌓여 하루가 되듯이, 사소한 성취가 쌓여 아이들이 자신이 만들어갈 하루의 주인공이 되고 있다. 유치원에서, 학교에서, 더 나아가 아이들의 삶에서 아이들이 주인공

145

이 되지 못하는 순간이 번번이 찾아올 것이다. 하지만 아이들에겐 이미 주인공이 된 경험이 가득 쌓였다. 그때마다 아이들이 이날을 기억하며 나아갈 힘을 얻을 것이다.

"맞아. 나는 양치 잘하는 걸로 주인공이었어! 나에겐 다른 좋은 점이 있어."

머리가 아닌, 마음이 하는 말로 대화하자

"엄마, 증조 외할아버지는 어디 계셔?"

"죽어서 하늘나라에 가면 보러 갈 수 있는 다리가 있는 거야?"

"늙으면 다 죽게 되는 거야?"

아이들이 죽음에 대한 그림책을 읽고 이에 대한 질문을 쏟아냈던 시기가 있다. 저녁을 먹을 때마다 유독 죽음에 대한 주제로 이야기를 많이 꺼냈다. 죽음이라는 심오하고 철학적인 주제를 아이에게 자연스럽게 전하는 일이 어려웠다.

"응. 사람은 누구나 태어나면 죽는 게 자연스러운 일이야.

147

다시 자연으로 돌아가는 거야. 흙이 될 수도 있고, 나무가 될 수도 있어."

아이는 고개를 끄덕였고, 우리는 저녁 식사를 마쳤다.

다음 날, 아이는 저녁을 먹다 또 죽음에 관한 이야기를 꺼냈다.

"엄마, 엄마도 늙으면 죽는 거지? 엄마도 하늘나라에 가면 다시는 볼 수 없는 거지?"

아이의 대답에 나도 아직 생각해본 적 없는 나의 죽음을 마주했다. 아이가 두렵고 무서워한다는 게 느껴졌다. 아이가 두려움을 느끼지 않게 최대한 이해시켜줘야겠다 싶었다.

"그럼. 그래도 어제 말했던 것처럼 자연으로 돌아가는 일이야. 괜찮아, 무서운 일이 아니야."

아이는 크게 와닿지 않는 표정을 지었고, 이렇게 말했다.

"엄마가 아주 오랫동안 살았으면 좋겠어."

"엄마가 없다고 생각하면 너무 무서워."

그리고 아이는 이내 울음을 터트렸다. 아이가 이해할 수 있도록 죽음에 대해 충분한 설명을 한 것 같은데, 아이가 눈물을 보이자 나는 당황했다. 무엇이 이 아이를 이렇게 무섭게 했을까? 아이가 결국 듣고 싶었던 말이 무엇일까?

아이의 마음엔 지식이 아닌 마음으로 접근하기

순간 내가 아이의 마음에 지식으로 접근하고 있다는 것을 깨달았다. 아이의 마음에는 나의 마음을 가지고 다가가야 하는데, 지식으로 무장한 채 그 벽을 뚫고자 했다. 죽음에 대한 두려운 마음을 지식으로 없애주려고 한 것이다. 울고 있는 아이의 어깨를 꼭 끌어안으며 이렇게 말해주었다.

"엄마는 끝까지 너의 옆에 있을 거야. 믿어도 돼."

아이는 내 대답을 듣자 비로소 안심한 표정을 지었다. 아이는 죽음을 이해하고 싶었던 것이 아니라, 엄마가 오래오래 자신의 곁에 있어주겠다는 한마디를 듣고 싶었던 거다. 아이와 나는 10개월 동안 한 끈으로 연결되어 있다가 세상에 나오면서 끊어졌다. 어쩌면 그 이후부터 아이와 나는 완벽한 타인이 된 것일지도 모른다. 아주 가깝고 소중해서 더 어려운 타인이 되었다. 그리고 엄마인 우리는, 이 완벽한 타인의 마음을 누구보다 얻고 싶다. 하지만 이 자그마한 타인의 마음을 얻기까지 매번 왜 이리 어려운 것인지 모르겠다. 아이에게 필요한 건 다름 아닌 마음인데, 우리는 종종 지식만으로 접근하곤 한다.

우리는 일상에서 아이의 이런 말들을 자주 접한다.

"엄마, 쓰기는 하기 싫고 어려워."

"엄마, 읽기는 너무 재미없어."

149

"엄마, 왜 글자를 바르게 써야 해?"

이 대답에 우리는 어떻게 대답할 수 있을까?

하버드대학교 협상 심리 연구센터의 소장 다니엘 샤피로(Daniel Shapiro)는, "상대의 핵심 관심을 잘 파악하는 것이 우리가 좋은 관계를 맺을 때 굉장히 중요하다."라고 말했다. 핵심 관심을 파악한다는 것은, 아이에게 마음으로 다가간다는 말과도 같다. 마음으로 다가간다는 건 해냄 스위치를 켜고 나의 것을 더하지 않고 아이의 마음을 그대로 받아들인다는 것이다.

"어렵다", "싫다", "힘들다"라는 말 뒤에는 "엄마, 잘하고 싶은데 방법을 모르겠어요. 도와주세요."라는 아이의 마음이 있다. 그 마음을 단순한 지식으로 대응할 때 '하기 싫어도 해야 하는 이유'로 답하게 된다. 하지만 지식으로 뭉친 소리는 아이의 마음에 닿지 못한 채 튕겨 나온다. 아이의 마음 앞에 서서 아무리 세차게 두드려도 굳건히 닫힌 아이의 마음만 확인할 뿐이다. 아이의 '핵심 관심'을 수용하는 대화가 필요하다. "슬프다", "힘들다"와 같은 아이 감정에 대한 수용이 먼저 이루어져야 '왜 슬플까?', '왜 싫을까?', '왜 힘들까?'라는 물음으로 이어진다. 그래야 아이의 마음에 닿을 수 있는 마음이 나오고, 그 마음이 좋은 방법을 찾게 만든다.

아이에게 쌓아주는 마음 통장

하지만 항상 아이의 마음에 마음으로 답하는 말을 해주기란 어렵다. 다니엘 샤피로도 좋은 관계를 위한 '5:1의 법칙'을 이야기했다. 5:1의 법칙에선 긍정적인 상호작용이 5, 부정적인 상호작용이 1인 경우에 관계를 좋게 유지할 수 있다고 말한다. 이를 아이와의 대화에 적용해보면 어떨까? 하루에 지식으로 무장한 말이 하나가 있더라도, 아이의 마음을 받아들이는 말이 다섯 개가 있다면 아이의 마음을 움직일 힘을 우리는 충분히 얻을 수 있다. 그러기 위해선 평상시 아이의 마음 안에 사랑의 말들을 저금하듯 쌓아두어야 한다. 아이를 그대로 수용하는 말을 많이 해두는 것이다.

엄마도 아이와 함께 자라며 배우고 있는 존재이므로, 아이와의 대화에서 실수가 잦을 수밖에 없다. 하지만 지식으로 무장한 말이 다섯을 훌쩍 넘어가는 날에도, 평상시 아이의 마음 통장에 쌓아둔 말의 힘을 믿으면 된다. 매일 아이의 마음 통장에 쌓을 수 있는 말들이 있다. 시간이 오래 걸리지 않고, 하루 1분이면 충분한 말들이다. 아침에 일어났을 때, 잠들기 전에, 혹은 일상생활에서 눈을 마주치면서 마음을 담아 말해보자.

"너라는 아이가 참 좋아."

"엄마는 네가 부끄러워하는 모습도, 용기 내는 모습도, 장

151

난치는 모습도 다 좋아해. 어떤 모습이어도 좋아."

"네가 나의 아들이라서, 나의 딸이라서 정말 고마워."

"네가 있어서 행복해. 함께 있으면 엄마 마음에 꽃이 피는 것 같아."

아이는 우리의 생각보다 강하고, 관대한 존재다. 엄마가 조금은 어설퍼도, 엄마가 최선을 다하고자 하는 마음을 담아 건넨 말들을 아이는 그대로 받아들인다. 아이의 마음을 움직이는 건, 결국 엄마의 마음이다.

아이와 죽음에 대해 다시 이야기를 나눴다. 우리가 서로의 곁에 오랫동안 함께 있을 방법에 대해 생각했다. 아플 때 병원에 일찍 가는 것, 건강한 음식을 챙겨 먹는 것, 골고루 음식을 먹는 것, 매일 운동하는 방법들이 나왔다. 그리고 매일매일 좋은 추억을 쌓는 일의 중요성에 대해서도 말해주었다. 소중한 기억이 많을수록, 서로의 마음에 오랫동안 살아 숨쉴 수 있다는 걸 아이도 이해했다. 그래서 우리는 매일매일 줄넘기를 열심히 하기로, 현관문을 나갈 때 꼭 사랑한다는 말을 전하기로, 잠들기 전엔 서로를 안아주며 자랑스럽다고 말해주기로 약속했다. 아이는 이제는 죽음에 대해 크게 슬퍼하지 않는다. 대신, 이렇게 말한다.

"엄마! 우리 오래오래 살자."

지식이 아닌 마음으로 다가가는 말

"쓰기는 하기 싫고 어려워."
"읽기는 너무 재미없어."
"왜 글자를 바르게 써야 해?"

지식으로 다가가는 대답	마음으로 다가가는 대답
그래도 쓰는 건 중요해. 계속 써봐야 느는 거지.	쓰기가 어렵지? 우리가 재밌게 쓸 수 있는 걸 찾아보자. 좋아하는 친구 이름은 어때?
읽기는 재미로 하는 게 아니야. 하다 보면 재밌어질 거야.	그냥 읽기만 하면 재미없지? 근데 재밌게 읽는 방법도 있어. 보드게임 설명서를 같이 봐볼까? 한 줄씩 돌아가면서 읽어보자.
글자를 바르게 쓰지 않으면, 알아볼 수 없잖아. 제대로 써야 알 수 있어.	잘 쓰고 싶은데 생각만큼 안 되는구나. 글자를 바르게 쓰는 방법은 다양해. 크게 써도 되고, 작게 써도 되고, 크레파스로 써도 되지. 어떤 방법을 골라볼까?

153

기억하자, 아이는 언제나 나를 보고 있다

지난 해 어느날, 아이가 놀이터에서 놀다가 꽤 크게 다쳤다. 사고는 눈 깜짝할 사이에 일어난다는 것은 물론이고 내가 조심해도 남이 부주의하면 언제든지 일어날 수 있다는 것도 새삼 느꼈다. 아이를 키우다 보면 크고 작은 사고를 경험하게 된다. 놀이터에서 사고가 났을 때, 엄마가 아이에게 어떤 말을 해주면 좋을까? 여전히 아이 얼굴에 연하게 남은 분홍색 흉터를 볼 때마다 마음이 무척 속상하지만 시간이 꽤 흐른 지금, 그때 아이에게 해줬던 말 덕분에 얼굴엔 작은 흉터가 남았을지언정 아이 마음은 한 뼘 성장했다는 것을 느낀다.

태도보다 효과적인 교육은 없다

아이가 가방을 서둘러 매고 급히 놀이터로 뛰어갔다. 유치원에서 가장 좋아하는 친구들이랑 놀이터에서 만나기로 약속했다고 한다. 아니나 다를까 놀이터에서 만난 아이들은 별말을 하지 않았는데도 서로 깔깔거리며 웃고 반가워했다. 킥보드를 타는 친구들은 킥보드를, 자전거를 타는 친구들은 자전거를 가지고 놀이터 한 바퀴를 신나게 돌기 시작했다. 그 모습을 보고 나도 의자에 앉아 지인들과 안부 인사를 나눴다.

아이가 놀이터에서 놀 때 정한 암묵적인 규칙이 있다. 바로 '아이는 아이의 세상에서, 엄마는 엄마의 세상에서 서로를 지켜봐주는 것'이다. 아이 놀이에 지나치게 간섭하지 않고, 아이 스스로 문제를 해결할 힘이 있다고 믿는 해냄 스위치를 놀이터에서도 켠다. 아이는 자신이 최대한 해결해보고 안 될 때, 혹은 필요한 게 있을 때에만 나를 찾는다.

아이가 놀기 시작한 지 몇 분이 채 지나지 않았을 때, 저 멀리서 얼굴을 부여잡고 엉엉 울면서 오는 걸 발견했다. 3학년쯤 되어 보이는 아이가 하준이 옆에 서 있었다.

놀란 마음에 얼른 뛰어갔다. 아이 얼굴을 보니 코 위쪽 피부가 벗겨져 피가 뚝뚝 흐르고 있었다. 피가 흐르는 모습에 너무 놀라 비명이 목구멍을 타고 올라왔지만, 입을 꾹 다물고 티

155

를 내진 않았다. 아이가 나를 바라보고 있다는 걸 알았기 때문이다. 자신이 얼마나 다쳤는지, 어떤 상태인지 모르는 상황에서 아이 눈동자에 불안으로 답할 순 없었다.

'어쩌다 이랬니?', '누가 이랬니?', '도대체 무슨 일이야?'와 같은 말들을 삼키고 아이에게 가장 먼저 해주었던 말은, "많이 놀랐겠다."였다. 동시에 아이를 꼭 안아주었다. 그리고 아이의 얼굴을 찬찬히 살펴보았다.

"하준아, 엄마가 살펴보니까 상처가 크게 심한 것 같지 않아. 괜찮아. 눈을 다치지 않아서 정말 다행이다."

그러고 나서 하준이와 옆에 있는 3학년 아이에게 어떻게 된 일인지 물어보았다. 둘과 주변의 말을 종합해보니, 하준이가 킥보드를 타고 가고 그 아이는 자전거를 타고 가다가 정면으로 부딪친 거였다. 하준이는 자전거를 보고 멈췄고, 그 아이도 브레이크를 잡았는데 멈춰지지 않아서 그대로 부딪쳤다고 했다. 하준이는 자전거 앞에 달린 자전거 바구니에 그대로 코를 박았다. 둘에게 서로 이야기를 나눠봤는지 물어보았다.

그 아이는 내 말을 듣고 그제야 하준이에게 미안하다고 사과했다. 그 아이의 엄마도 곧이어 왔다. 아이의 엄마에게 이렇게 말했다.

"저도 상황을 정확히 보지 못했어요. 그런데, 우선 아이가 미안하다고 사과했어요. 아이들 이야기를 들어보니, 킥보드와 자전거가 부딪쳤는데 자전거 속도를 줄이지 못한 것 같아요."

그 아이의 엄마는 내 말을 듣고 하준이의 상처를 보고도, "아, 아이도 킥보드를 타다 부딪친 거죠? 서로 잘못이 있네요. 미안하다고 했으면, 된 것 같아요."라고 대답했다.

아이 엄마의 대답을 듣고 가장 먼저 든 감정은 화였다. 솔직한 마음은 잘잘못을 따져 상대방 엄마에게 제대로 사과해 달라고 하거나, 그 아이를 나무라거나, 치료를 요구하고 싶었지만 그러지 않았다. 지금 무엇보다 중요한 건 이 일로 아이의 마음에 분노를 심어주지 않는 것이었다. 일상의 모든 순간에서 태도가 쌓이고 있다. 다친 아이를 옆에 두고, 만약 내가 실랑이를 벌였다면 아이 마음에 '아, 다쳤을 땐 싸워야 하는구나.'라는 태도가 심어질 수 있다. 내가 아이에게 보여주고 싶은 태도, 그로 인해 아이가 앞으로의 관계에서 맺게 될 마음의 방향에 대해 생각했다. "네. 알겠습니다." 이렇게 짧게 대답하고 아이를 데리고 병원에 갔다.

아이가 세상을 긍정적으로 볼 수 있도록 말해주기

병원에 가니 다행히 찰과상이라고 했다. 찢어지지 않아서 꿰매지 않아도 되고, 상처를 잘 소독하고 약을 아침저녁으로 발라주라는 의사의 말에 아이와 나도 함께 안심했다. 집에 도착해서 아이와 함께 오늘 있었던 일을 이야기했다. 그리고 나의 솔직한 마음도 함께 전했다.

"하준아, 하준이 상처를 보니까 정말 속상하다. 엄마 진짜 마음은 하준이를 다치게 한 그 형을 혼내주고 싶고, 형 엄마에게도 뭐라고 하고 싶었어. 그런데 엄마가 오늘 그러진 않았지? 그렇게 하는 게 맞았을까? 하준이 생각은 어때?"

하준이도 그건 아니라고 고개를 절레절레 저었다. 밖에서는 침착해 보였던 엄마가 집에 와서 자기에게 속상하다고 하고, 그 형도 혼내주고 싶다고 하고, 그 엄마한테도 뭐라고 하고 싶다는 걸 들으니 하준이 표정이 순간적으로 편안하게 풀렸다.

"하준아, 놀이터에서는 언제든 사고가 날 수 있어. 내가 조심해도 상대방이 조심하지 않으면 말이야. 오늘 우린 그걸 경험한 거야. 오늘 그 형도 일부러 하준이를 다치게 하고 싶었던 건 아니지? 우린 그걸 아니까, 미안하다고 사과했을 때 받아들인 거야. 오늘 많이 다치지 않아서 정말 다행이다. 놀이터에서도, 병원에서도 씩씩하게 해낸 하준이가 엄마는 정말 자랑스러워."

아이의 회복탄력성을 높이는 엄마의 태도

놀이터에서 사고는 언제든 일어날 수 있다. 그리고 앞으로 아이의 삶엔 놀이터에서와 같은 일들이 무수히 많은 상황과 관계 속에서 일어날 것이다. 그 아이도 일부러 하준이를 다치게 한 건 아니다. 단지 부주의했을 뿐이다. 그 부분을 사과했다면, 이제 그걸 어떻게 받아들일지의 문제만 남는다. 똑같이 응수하며 분노할지, 내가 원하는 태도로 대응할지를 결정하는 건 자신이다.

아이는 나와의 대화를 통해서 분노 대신 성장할 수 있는 삶의 태도를 선택했다. 아이는 상처를 매일 소독하고 밴드를 붙였다. 거의 2주 동안 씻는 게 불편했지만 그게 힘들다고 말하지 않았다. 거울 속 상처를 볼 때마다 속상해하지도 않았다. 아이에게 이미 마음으로 받아들이고, 흘려버린 문제가 된 것이다.

아이는 항상 나를 보고 있다. 놀이터에서도 아이가 나를 보고 있다는 사실 하나에 정신이 번쩍 들었다. 이 때문에 상대방 엄마에게 감정을 소비하지 않고, 내가 아이에게 보여주고 싶은 삶의 태도를 떠올렸다. 아이는 매 순간 엄마가 세상을 바라보는 방식, 엄마가 문제를 해결하는 방법, 엄마가 화를 조절하는 모습을 보고 있다. 우리는 그 모든 것을 '태도'라는 한 단어

159

로 부른다.

해냄 스위치를 켠 관계란 이런 것이다. 나의 분노를 아이에게 더하지 않고, 전하지 않는다. 다만 아이가 세상을 긍정적으로 느끼게 하고 싶다면, 엄마인 나부터 세상을 긍정적인 시선으로 바라보는 모습의 태도를 보여주는 것이다. 더하지 않고 보여준다. 그때 아이는 그것을 자신의 몫으로 그대로 받아들일 수 있다. 바로 이것이 아이가 언제든 옷을 툭툭 털고 세상 안으로 다시 뛰어 들어갈 수 있는 '회복탄력성'이 된다.

해냄 스위치를 켜면 혼자서도 잘하는 아이가 됩니다

아이의 화에는 언제나 이유가 있다

유독 아이가 심하게 짜증 내는 날이 있다. 이때는 뭘 해도 툴툴거리고, 작은 일에도 쉽게 불평을 쏟아낸다. 아이의 짜증에 나 역시 '하나만 걸려라. 진짜.' 하고 응수하기 쉽다. 이날도 아주 사소한 일 때문에 갈등이 시작되었다. 잠자리에 들기 전 아이들은 '스스로 양치하기'를 한다. 이날 하준이는 양치하기 전부터 내내 투덜거림이 많았다. 그래도 하준이는 제법 꼼꼼하게 양치를 마쳤다. 문제는 내가 마무리 양치를 해주러 갔을 때 시작됐다. 마무리 양치를 해주려고 평소처럼 치약을 짜서 칫솔에 올리고, 입안에 쑥 넣자마자 하준이는 소리를 꽥 질렀다.

161

"엄마 치약이 너무 많잖아! 진짜 맵다고!"

분명 평상시와 같은 양으로 치약을 짰는데, 아이는 평상시
와 다르게 반응했다. 유치원 하원 이후 내내 짜증을 내다가,
이젠 나에게 면박을 주며 화를 냈다. 나 역시 순간적으로 화가
치밀어 올랐다. 속으로는 다양한 생각들이 꼬리를 물기 시작
했다.

'마무리 양치를 해주는 건 너를 위해서지 나를 위해서가 아
니야.'

'엄마도 힘들게 해주는 일에 이렇게 화를 내도 돼?'

'좋게 말하면 되는데 꼭 소리를 질러야 해?'

머릿속을 둥둥 떠다니는 말풍선 중 하나를 꺼내 바락바락
화를 내는 아이에게 쏟아내고 싶었다. 오후부터 지금까지 네
가 나에게 내는 화가 얼마나 불합리하고 터무니없는 것인지
콕 집어서 말해주고 싶었다.

내가 보지 못한 시간 동안의 아이가 있다

하지만 나는 그러지 않았다. 대신 치약이 너무 많아서 맵다
고 화내는 아이의 마음 뒤에는 무엇이 있을지 생각해봤다. 아
이의 어떤 마음이 아직 소화되지 못한 채 화로 이어진 걸까?

나는 아이의 하루를 전부 보지 못했다. 아이의 짜증 뒤에는

내가 보지 못한 시간, 내가 모르는 순간들이 숨어 있다. 아침에 나와 헤어져 씩씩하게 자신만의 세상을 탐색한 아이는 아마 내게 말하지 못한 다양한 감정과 상황을 혼자서 해결했을 것이다. 그런데 유독 해결하기 어려운 감정이 든 날이 있었을 테고, 그 감정을 말로 전부 푸는 일이 아이에겐 어려웠을 수도 있다. 결국 '너무 많이 짠 매운 치약'과 같은 곳에서 폭발해버리고 만 것이리라.

우리는 아이가 밖에서 쌓아온 마음이 있다는 걸 종종 잊어버린다. 내가 보지 못한 시간 동안의 아이는 고려하지 않고, 현재 내 앞에 있는 아이의 시간만을 생각한다. 그렇기에 아이가 내는 짜증의 원인을 찾을 수가 없다. "대체 오늘따라 왜 이러는 거야?"라는 말로 단정 지어버린다. 하지만 화는 한순간에 오지 않는다. 우리가 보지 못한 공간과 시간 속에서 아이는 차곡차곡 수레에 자신의 감정을 쌓는다. 그러다 가장 편한 상대 앞에서 '너무 많이 짠 매운 치약'과 같은 작은 돌덩이에 걸려 쌓인 감정이 와르르 무너지게 된다.

자기 잘못을 가장 잘 아는 사람은 바로 아이다

"엄마 왜 치약 많이 짰어!" 하고 큰 소리로 화내는 아이에게 똑같이 화를 내며 "너 말버릇이 그게 뭐야!"라고 소리 지르는

163

건 아무 소용이 없다. 이 문제를 이야기하지 말아야 한다는 뜻이 아니라, 좋은 때가 아니라는 말이다. 더 좋은 대화를 위한 장소와 시간이 있듯이, 아이와의 관계에서도 마찬가지다. 아이와의 대화에서도 알맞은 타이밍이 필요하다. 아이가 자신의 화를 제대로 생각해볼 수 있는 시간이 선행되어야 한다. 아이가 지나치게 화에 집중하고 있었기에, 그 초점을 우선 이동시킬 필요가 있었다. 나는 아이가 예상치 못한 행동으로 반응했다. 아이가 기분 좋거나 장난칠 때 내는 목소리를 흉내 내며 대답했다. 그 목소리는 '기분 좋음'을 나타내는 우리만의 언어적 사인으로, 랩을 하듯이 말하는 것이다.

"엄마가 치!약! 많이 짜서 미!안!해! 조금만 짤!게!"

아이는 순간적으로 내던 화를 멈추더니, 곧이어 웃음을 크게 터트렸다. 엄마의 반응이 자신의 예상과는 무척 달랐기 때문이다. 아이도 짜증을 내면 분명 좋지 않은 소리가 되돌아올 것이란 걸 이미 알고 있다. 그걸 애써 부정할 정도로 자신은 정말 짜증이 났다는 표현을 하기 위해, 더 화를 냈던 건지도 모른다. '나 진짜 힘들었어.'라는 마음을 알리기 위해서.

화에 맞대응하지 않는 엄마의 마음을 조금이라도 알아차렸기 때문일까. 자신의 화에 유머 한 스푼 추가해서 받아친 엄마에게 아이도 똑같은 목소리로 화답했다.

"알!았!어! 괜!찮!아! 다음부터는 조금만 짜!줘!"

해냄 스위치를 켜면 혼자서도 잘하는 아이가 됩니다

아이의 짜증은 그 순간, 그 화장실에서 모두 끝났다. 우리는 깔깔 웃으면서 화장실 문을 나왔다. 그리고 아이와 함께 책 몇 권을 들고 침대에 누웠다.

"하준아, 아침에 우리가 헤어지고 나서 엄마가 학교 가서 뭐 하는지 알아?"

"일하는 거 아니야?"

"맞아. 일도 하는데 하준이 생각도 정말 많이 해. 하준이가 재밌게 놀고 있을까, 밥은 잘 먹고 있을까, 씩씩하게 잘 해내고 있을까, 이런 생각들을 하면서 응원하고 있어. 하준이가 엄마를 보지 못하듯이, 엄마도 하준이를 보지 못하는 시간이 있잖아. 그 시간 동안엔 엄마가 멀리서 응원하고 있어. 친구랑 속상한 일이 있었을 때, 열심히 해보려고 하는데 마음처럼 안 될 때, 엄마가 멀리서 응원하고 있다는 걸 알아줄래? 우리는 떨어져 있어도 마음으로 연결되어 있거든. 그래서 느낄 수 있어."

아이는 내 말을 듣고 손으로 눈을 비비며 울었다. 내가 차마 다 말하지 못한 시간이 존재하듯이, 아이에게도 차마 다 말하지 못한 시간과 마음이 존재한다.

다음 날 아이는 저녁을 먹으면서 말했다.

"엄마, 나 오늘 엄마가 보내준 응원 받았어. 색칠하다가 조금 힘들었는데, 그래도 힘냈어! 고마워."

165

아이의 마음에 입장할 통행권

우리는 모두 공감받기를 원한다. 나의 마음을 알아주는 상대가 유독 고마운 이유는 내 마음을 알아주는 이가 그처럼 적다는 말이기도 하다. 세련되게 표현하지 못한다는 이유만으로, 아이 마음에 숨어 있는 우리가 보지 못한 시간을 잊어버리지 않았으면 한다. 아이의 화는 그 순간의 문제 때문에 일어나는 일이 아니다. 아침엔 가위질이 잘 안 됐고, 점심에는 놀고 싶은 친구가 자신을 끼워주지 않았고, 오후에는 색종이가 생각보다 잘 접어지지 않아 속상한 마음들이 차곡차곡 쌓여서 가장 알아주길 원하는 상대 앞에서 평상시보다 많이 짠 치약과 같은 작은 일에 폭발하는 것이다. 그 순간에 화로 맞대응하지 않았으면 좋겠다. 내가 보지 못한 너머의 시간을 인정하고, 아이 마음에 숨은 의도를 발견하고, 그후에 아이와 이야기를 나눠보면 좋겠다. 우리가 미처 보지 못한 시간 속에서 아이는 애쓰고 있다. 그 노력을 바라보고 나면 아이와 대화하기 '좋은 타이밍'이 생긴다.

아이의 마음이 편안한 상태에서 어젯밤 있었던 치약에 관한 이야기를 마무리 지었다.

"하준아, 혹시 치약이 너무 많으면 엄마한테 미리 말해줄래? 그리고 알아주었으면 하는 게 있어. 하준이가 마음이 안

166

좋으면 당연히 짜증 나고 화날 수 있지만, 그걸 표현하는 건 하준이의 선택이야. 우리 더 좋은 방법으로 해결해보자. 엄마가 언제든지 하준이 이야기를 들어줄게."

"응, 엄마. 알았어. 다음부턴 잘 이야기할게. 어제는 화내서 미안했어."

우리는 간단한 대화로 어제의 갈등을 해결했다. 우리가 보지 못한 시간 속 아이의 마음을 인정해주자. 우리는 그 시간을 들여다볼 수 있는 통행권을 가진 유일한 사람들이다.

대화를 막는 말 vs 대화를 이끌어주는 말

아이들이 유치원에 다녀와서 이유 없이 짜증을 내는 순간들이 있다. 피곤함과 같은 생리적인 문제일 수도 있지만, 해소되지 않은 감정으로 인해 화를 내는 경우가 많다. 4~7세는 뇌와 마음이 성장하는 시기로, 아직 화의 원인이 무엇인지 자세히 들여다보는 연습이 부족하다. 그렇기에 마음을 정리하여 언어로 표현하는 건 더욱 어려운 일이다. 이때 아이들의 마음을 어루만져주는 말들이 있다. 짜증 내는 아이들에게 이렇게 말해주는 건 어떨까?

'짜증'을 '짜증'으로 보는 말 → 아이와 대화가 이어질 수 없음	'짜증'의 '초점'을 바꾸어주는 말 → 아이와 대화하기 좋은 타이밍이 생김
"오늘따라 왜 이리 짜증을 내?"	"오늘 하루 많이 애썼구나." "오늘 하루 정말 노력했구나."

167

"엄마가 네 짜증 받아주는 사람이야?"	"엄마가 보지 못했지만, ○○이가 애쓴 마음이 느껴져."
"너 오늘 정말 이상하다."	"엄마는 ○○가 노력한 걸 알아." "많이 애썼기에 그만큼 힘든 마음이 드는구나. 엄마에게 말해줄래?"
"짜증 좀 내지 말고 이야기해!"	"엄마는 ○○의 이야기가 정말 궁금해. 언제든 들어줄 수 있어. 준비되면 이야기해 줄래?"

해냄 스위치를 켜면 혼자서도 잘하는 아이가 됩니다

육아의 질과 결과를 바꾸는 자투리 시간

주말 소아과병원 진료를 기다리는 1시간, 가까운 거리를 차로 이동하는 20분, 식당에서 음식이 나오는 시간 30분, 주말 나들이를 위해 이동해야 하는 1시간 30분, 엘리베이터를 기다리는 10분, 아이와 손잡고 하원하는 15분.

위에 적힌 시간의 공통점이 뭘까? 바로 '아이를 키우는 누구에게나 있는 시간'이라는 점이다. 그리고 또 다른 공통점 하나는, 바로 자투리 시간이라는 점이다. 자투리란 '자로 내어 팔거나 재단하다가 남은 천의 조각, 혹은 어떤 기준에 미치지

169

못할 정도로 작거나 적은 조각'을 뜻한다. 즉, 일과 사이에 잠깐 남는 조각 같은 시간이다. 자투리 시간은 누구에게나 있지만, 누구나 제대로 사용하는 것은 아니다.

아이들과 시간을 보내다 보면 꽤 많은 자투리 시간을 마주하게 된다. 자투리 시간을 차곡차곡 모아보면 정작 하려고 했던 일보다 더 많은 시간을 쓰고 있다는 걸 알 수 있다. 이 자투리 시간의 중요성을 일찍 깨닫고 의미 있게 쓸수록, 아이와의 관계, 나아가 학습이 복리가 되어 돌아오는 신기한 경험을 할 수 있다.

한 번 깨끗이 닦고 봐야 할 '자투리 시간'

최근에 운전하다가 자동차의 전면 유리창이 유독 흐린 게 느껴졌다. 햇빛에 비친 얼룩을 보고 알았다. 워셔액을 칙칙 뿌려 와이퍼로 한번 닦고 나니, 순식간에 깨끗해진 앞유리를 만났다. 뿌옇던 시야가 깨끗해진 순간, 맑은 풍경을 마주하고 놀란 경험이 있다. 뿌연 창문으로 풍경을 보고 있을 땐 미처 몰랐는데, 한 번 닦은 깨끗한 창문을 통해 보고 있자니 그간 내가 봤던 풍경이 얼마나 답답했던 것인지 알게 되었다.

자투리 시간에 대해서도 이와 같은 인식의 변화가 필요하다. '어? 왜 이렇게 흐리지? 한번 닦아볼까?' 하는 마음으로 자투리 시간을 바라보자. 그동안 일과 중 남는 시간으로만 여겼던 자투리 시간을 바라보는 시야가 달라진다. 15분, 30분, 길면 한 시간. 바로 그 시간에 아이와 할 수 있는 무궁무진한 이야기와 놀이가 있다. 그 덕에 쌓이는 건 아이와의 추억, 그리고 그 추억을 먹으며 자라고 있는 아이와의 관계다.

나는 자투리 시간을 일과 중에 얻은 '보너스 타임'으로 여겼다. 그 이유는 생각보다 아이들과 온전히 함께 보낼 시간이 많지 않기 때문이다. 아침 일찍 유치원으로 등원한 아이를 오후에 만난다. 놀이터도 가고, 집 근처 학원도 다녀오고, 저녁도 먹다 보면 어느새 저녁 6시가 훌쩍 넘는다. 그 후 씻고, 놀고, 정리하다 보면 딱히 한 건 없는데 어느새 저녁 9시가 되어 있다. 이 말은 생각만큼 아이들과 마주 앉아 이야기를 나눌 시간이 없다는 뜻이기도 하다. 그런데 그 와중에 아이가 아프면 병원도 가야 한다. 바쁜 하루에 쉼표 하나를 찍듯, 15분, 때론 30분의 자투리 시간은 아이들과 내가 마주 보며 이야기를 할 수 있는 일과 중에 만난 특별한 보너스 타임이 된다.

자투리 시간, 주변의 모든 게 이야깃거리가 된다

아이와 자투리 시간에 할 수 있는 놀이는 간단하고 매우 단순하다. 주변에 있는 사물을 살펴보거나 아이가 최근에 관심

171

있는 것들을 대화 속으로 끌어오면 된다. 병원 진료, 식당 등 20분 이상 기다려야 하는 곳이라면 가방 속에 아이가 좋아하는 책 한두 권을 미리 챙겨서 가는 것도 좋은 방법이다. 이때엔 무조건 읽게 되어 있다. 읽기만 하는 것이 아니라, 함께 이야기를 나눌 수도 있다.

나는 자투리 시간에 아이들에게 주변에 보이는 사물을 살펴보고 질문하는 걸 좋아한다. 아이들이 주변에 세세한 관심을 가질 수 있는 연습이 되기 때문이다. 예를 들면, 주사를 가장 안 아프게 맞는 방법이라든지, 주문한 스파게티에 면은 몇 개나 있을지 등과 같은 질문을 한다. 아이들도 그래서인지 오늘의 날씨, 주변에 보이는 물건들을 대상으로 두고 기발한 질문들을 나눈다. 소아과병원에서 아이들 감기 진료를 기다리던 날 바람이 유독 심하게 불었는데, 그때 마침 우리 눈앞에 휴지가 있었다. 하준이가 먼저 입을 뗐다.

하준 "태풍과 휴지가 싸우면 누가 이길까?"

나 "당연히 태풍이 이기지 않을까?"

하윤 "아니야, 엄마. 휴지가 이길 것 같아."

하준 "왜?"

하윤 "휴지가 태풍을 꽁꽁 싸매면 되잖아!"

태풍이 당연히 이길 것 같지만, 신기하게도 아이들의 세계에선 당연하지 않다. 재밌는 질문 하나가 나오면, 창의적인 답변들이 끊임없이 쏟아져 나온다. 아이들의 눈은 어른들이 보는 세상과는 달라서 우리가 보지 못한 빛나는 작은 조각을 찾아낸다. 이날은 진료받기까지 40분을 기다려야 했는데도 그 시간이 전혀 길게 느껴지지 않았다.

자투리 시간 순삭, 아이들이 좋아하는 주제로 퀴즈 내기

우리가 요즘 기다리거나 이동하는 시간에 자주 하는 건 포켓몬 퀴즈다. 유치원 아이들 어깨 너머로 바라보다가 사랑에 빠진 포켓몬, 요즘 다섯 살과 일곱 살 아이가 가장 좋아하는 주제다. 자투리 시간이 진정 즐겁기 위해선, 해냄 스위치를 켜고 아이들이 좋아하는 걸 살펴야 한다. 포켓몬을 이용하여 낼 수 있는 퀴즈는 무궁무진하다. 자투리 시간과 아이가 좋아하는 주제가 만나면 부담 없는 놀이가 된다. 이 놀이를 통해 아이에게 학습의 기초를 쌓아줄 수 있다. 이렇게 쌓인 기초능력은 아이가 책상에 앉아 무언가를 시도할 때, 복리가 되어 찾아온다. 아이들과 하는 간단한 몇몇 놀이를 소개해본다.

▶▶ 포켓몬 캐릭터 이름 맞추기 ◀◀

"저는요. 전기 타입이고, 위험할 때 전기 공격을 해요. 기다린 두 귀가 있고, 색깔은 노란색이에요. 그리고 검은 줄무늬도

173

있어요."

상대방에게 포켓몬을 정확히 설명해야 한다. 자연스레 타입, 특징, 기술 등 특징별 마인드맵 연습이 된다.

▶▶ 포켓몬 캐릭터 초성 맞추기 놀이 ◀◀

'ㄲㅂㄱ(꼬부기)'처럼 캐릭터의 초성만 말해서 이름을 맞추는 놀이다. 초성 맞추기 놀이를 통해 글자와 소리를 연결하는 연습이 된다.

▶▶ 같은 글자 수를 가진 포켓몬 찾기 ◀◀

'가디안, 파이리, 괴력몬', '팬텀, 꼬렛, 마자'처럼 글자 수가 똑같은 포켓몬 캐릭터를 찾는다. 자연스레 음절 연습이 되어 읽기의 기초 근육을 키워준다.

아이가 흥미 있는 주제를 이용한 퀴즈에는 수학 놀이도 포함된다. 아래와 같은 문제는 연산이라는 탈을 쓴 포켓몬 놀이다. 자투리 시간에 기본 연산 놀이를 잘 활용하여 기초능력을 쌓아주면, 자연스럽게 연산 속도를 올릴 수 있다. 아이가 좋아하는 캐릭터를 활용한 기초연산 문제는 간단하면서도 다양하다. 자투리 시간에 내는 퀴즈가 놀이가 되기 위해서는 아이가 평상시에 할 수 있는, 부담 없는 문제들로 이루어져야 한다.

"파이리가 열다섯 마리가 있었는데, 리자몽으로 일곱 마리가 진화하면 몇 마리가 남지?"

"이상해 씨 가족은 모두 열여덟 마리래. 생일파티에 피카추 일곱 마리를 초대하면 모두 몇 마리야?"

"튼튼한 건물을 만들기 위해 거북왕 열 마리가 필요한데, 두 마리밖에 오지 않았대. 몇 마리가 더 와야 할까?"

"기차엔 열 자리밖에 없대. 뮤츠 세 마리, 갸라도스 두 마리가 이미 앉았어. 몇 마리가 더 앉을 수 있을까?"

자투리 시간이 단련되면
'뷔페 2시간 30분'은 꿈이 아니다

아이들과 특별한 기념일마다 뷔페를 갔다. 아이들이 말로 본인의 생각을 표현할 수 있었을 때부터 다녔으니, 30개월 이후부터 자주 방문한 셈이다. 평상시 자투리 시간을 놀이로 보내는 연습이 된 아이들은 휴대전화나 태블릿으로 영상을 보지 않고도 2시간, 2시간 30분을 거뜬히 보낸다. 뷔페에서 할 수 있는 가장 좋은 놀이는 음식에 대한 상상, 맛에 대한 기대,

175

먹어본 뒤의 느낌을 나누는 것이다.

"이 음식은 어떤 맛이 날까?"

'생각보다 시다', '생각보다 달다', '딱딱해 보였는데 먹어보니 부드럽다' 등 아이들의 대답은 다양하다.

뷔페는 기념일을 축하하기 위한 자리도 되지만, 아이들이 평상시 보지 못했던 음식을 관찰하고 경험할 수 있는 곳도 된다. 이거야말로 가족 모두가 좋은, 일거양득의 효과다. 뷔페에 가서 만났던 음식 중 아이들과 아직도 이야기 나누는 재밌는 일화가 있다. 바로 날치알에 대한 추억이다.

아이는 날치알의 맛을 '작은 사탕처럼 생겼는데 먹어보니 입 안에서 터지는 짠맛'이라고 표현했다. 날치알이 먹기 전 상상했던 맛과는 완전히 달랐었나 보다. 사탕인 줄 알았던 날치알에게 배신감을 느꼈던 그때의 추억을 우리는 종종 꺼내 본다. 아무리 맛있는 음식도 시간이 지나면 맛이 아닌 느낌으로 남는다. 그때의 냄새, 나눴던 대화, 그날의 표정 등이 모두 어우러져서 '맛있었다'라는 기억이 된다. 아이들과 엄마 모두에게 뷔페가 도전이 아닌 '맛있었다'로 기억되길 원한다. 그러기 위해 평상시 자투리 시간을 잘 활용하길 바란다.

자투리 시간을 활용하는 아이는, 작은 휴대전화 화면에 집중하는 것이 아니라 고개를 들어 세상을 바라본다. 세상 속에서 문득문득 떠오르는 질문들을 마주한다. '휴지가 태풍을 이

해냄 스위치를 켜면 혼자서도 잘하는 아이가 됩니다

기는 방법', '사탕인 줄 알았던 날치알의 반격'이란 질문들을 따라가다 보면 아이들은 자신만의 답변을 준비한다. 그 답은 아이들에게 창의성을 키워주는 것을 넘어 삶의 방향과 태도를 정해주는 중요한 기초 자산이 된다. 그리고 그걸 공유하는 우리의 관계는 추억이라는 끈끈한 풀로 붙어 더욱 단단해진다. 그렇기에 자투리 시간을 일찍 활용할수록 관계, 추억, 나아가 학습까지 복리로 받을 수 있는 '보너스'가 된다.

3장. 좋은 관계가 '기분 좋게 해내는 아이'를 만든다

엄마에게도 독립성을 키울 시간이 필요하다

아이가 8개월 즈음, 엄마라고 언제쯤 불러줄지 애타게 기다리던 순간이 있다. '엄마'라고 불러주기만 해도 행복의 모든 조건이 채워지리라 확신했던 그때의 날들. 마침내 아이의 작은 입에서 '엄마'라는 말을 들었을 때, 아이를 위해 먹이고 입히고 씻기던 모든 행위들에 정당한 자격을 부여받은 듯한 느낌을 받았다. 그러나 아이가 30개월, 40개월, 다섯 살, 그리고 여섯 살로 커갈수록 아이의 입에서 쉴 새 없이 나오는 엄마라는 소리가 종종 벅차고 듣기 싫을 때가 있다.

"엄마! 자동차 조립하는 것 좀 도와줘!"

해냄 스위치를 켜면 혼자서도 잘하는 아이가 됩니다

"엄마! 파란색 공룡 무늬 팬티 어디 있어?"

"엄마! 물 마시고 싶은데 컵이 없어!"

"엄마! 10분만 더 놀고 싶어!"

세상에 하나뿐인 내 아이가 부르는, 세상에 하나뿐인 고유한 말인데 왜 듣기가 싫을까? 엄마라는 말을 불러주기만 기다리던 그때의 나는 온데간데없이 사라지고, 어깨에 얹어진 무거운 돌덩이처럼 느껴지는 엄마라는 말만 남았다. 어떤 때는 그 무게가 너무 무거워 그냥 주저앉고 싶은 적도 있었다. 어깨에 돌덩이를 올린 사람은 다름 아닌 '나'라는 걸 깨닫고 나서야 비로소 그 돌덩이를 내려놓을 수 있었다. 아이가 독립적인 존재라는 걸 받아들였다면, 나 역시 독립적인 존재로 살겠다고 선언해야 한다.

엄마의 독립성 키우기

나의 독립성은 누구에게도 방해받지 않는 나만의 시간을 확보하는 것에서부터 시작됐다. 그 시작은 문화센터에서 들은 한 영어 노래 덕분이었다. 하준이가 12개월 때 문화센터를 처음 데리고 갔다. 체육 활동이 끝나자 강사님이 노부영(노래 부르는 영어 동화)에 나오는 영어 동화책《Go away, big green monster!》를 음악에 따라 노래로 불러주셨다. 노래 부르며 읽는 영어 그림책을 본 것이 그때가 처음이었다. 아이는 신이 났는지 가만히 앉아 있지 못하고 급기야 벌떡 일어나서 엉덩이를 위아래로 흔들며 춤을 췄다. 항상 내 옆에 붙어 있던 조심스러운 아이에게서 처음으로 적극성을 본 것이다.

'아. 이걸 꼭 알아서 아이에게 알려줘야겠다.'라는 마음이 불현듯 내 마음을 스쳤다. 그날 이후, 아이를 재운 9시 이후부터 3시간 정도 매일 아이를 위한 영어 공부를 시작했다. 아이에게 영어로 말 한마디 걸어주고 싶어서, 영어 노래 한 곡을 재밌게 불러주고 싶어서 시작한 공부인데, 웬걸! 하다 보니 그 재미에 푹 빠져버렸다. 생각해보니, 나는 한 번도 이런 식으로 영어를 만나본 적이 없었다. 실생활과 동떨어진 수능 지문 속에서, 맥락이 끊긴 글 속에서 알맞은 문법 형태를 찾는 것으로 영어를 만났다. 그렇게 만난 영어는 지루하기만 했다. 근데 아이에게 말 한마디 걸어주려고 시작한 영어, 같이 노래 부르며 만난 영어는 달랐다. 생활 속에서 가깝게 숨 쉬고 있었다.

2019년 12월, 아이를 재우고 9시부터 갖기 시작한 나의 공부 시간은 집이라는 답답한 공간 안에서 유일하게 나로 존재하는 독립된 시간이었다. 그 시간을 규칙적으로 가진 이후부터 아이가 나를 부르는 소리에 단단한 면역이 생기기 시작했다. 나의 독립성이 쌓여갈수록, 나의 마음에 힘이 생기기 시작한 것이다. 혼자서 일정한 시간을 정해 루틴을 하다 보니 사람들과 함께하면 좋겠다는 생각이 들었다. 그래서 2020년 3월, 루틴을 함께할 수 있는 사람들을 모집하여 소모임을 만들었다. 'Done is better than perfect(완벽한 것보다 중요한 건, 일단 하는 것이다).' 이 문구를 모토로 삼으며, 완벽해지기 위해서 하는 것이 아니라 매일 나와의 약속을 지키기 위해 아주 작은 일이라도 조금씩이라도 실행하는 것을 목표로 삼았다. 작은 성취가 조금씩 쌓이는 삶을 아이가 아닌 나부터 살아보기로 했다.

엄마가 먼저 경험한 작은 성취의 양동이

일주일, 3개월, 1년, 2년이 넘어갈 때쯤에는 나의 마음속에 다양한 양동이가 자리 잡은 걸 느꼈다. 그 양동이의 이름은 제각각이다. 엄마라는 양동이, 딸이라는 양동이, 친구라는 양동이, 아내라는 양동이, 나라는 양동이, 교사라는 양동이 등 나라는 존재는 오직 한 명이지만, 내가 가진 역할은 다양했다. 이 중에서 어떤 한 가지 양동이만 나라고 말할 순 없었다. 미국의 사회심리학자 조지 허버트 미드(Geroge Herbert Mead)도 이렇게 말했다. "내가 지금까지 살아오면서 커뮤니케이션했던 수많은 사람과의 경험을 추상화하여 적분한 것'이 곧 '나 자신'이다." 이처럼 나라는 존재는 다양한 양동이들이 복합적

181

으로 만나 이루어진 결과이다.

독립성이 떨어졌을 땐, 이 양동이들이 각자의 이름을 가지지 못하고 뒤죽박죽 얽혀 있었다. 딸이라는 역할을 잘하지 못했을 땐 아내라는 양동이가 함께 무너졌고, 학교에서 힘든 일이 있었을 땐 엄마라는 양동이가 무너졌다. 그리고 엄마라는 양동이가 흔들렸을 땐, 나라는 존재 양동이가 텅텅 비어가는 걸 느꼈다. 각각 독립적으로 존재하지 못하고 하나가 흔들리면 다른 하나도 같이 쏟아지고 비워지고 깨지는 경험을 자주 겪었다. 그런데 신기하게도 누구에게도 방해받지 않고 존재하는 나만의 시간이 하루에 단 20분 만이라도 보장되니, 그 양동이들이 각자의 자리를 지키기 시작했다. 양동이가 흔들리지 않을 만큼 물이 채워진 것이다. 엄마라는 역할이 유독 힘든 날, 나라는 양동이에 채워진 에너지를 끌어와 위로했다.

'괜찮아. 나는 그래도 멋진 사람이야.'

'괜찮아. 나에겐 다른 좋은 모습들이 있어.'

내가 먼저 작은 성취를 경험하고 나니, 아이가 작은 성취를 반복할 수 있도록 기다리는 힘을 가지게 되었다. 그건 결코 한순간에 오는 것이 아니고 하루의 작은 일과 속에서 단 20분이라도, 꾸준히 쌓여야 한다는 걸 내가 직접 경험했기 때문이다. 그 시간이 모여 곧 자아 긍정감과 자아 확립성으로 나아갈 수 있다는 걸 내가 직접 느꼈기 때문에 확신할 수 있다. 그렇기에

182

아이의 성장이 지금 당장 빠르지 않다고 초조해하지 않는다. 아이가 자라는 속도와 방향을 믿고 기다릴 수 있는 끈기를 가지게 됐다.

삶을 살아가며 필수적으로 해내야 하는 다양한 역할이 전부 '나'를 증명하는 것은 아니다. 어느 날은 엄마의 모습에, 어떤 날은 딸의 모습에, 어떤 날은 친구로서의 나에게서 힘을 얻는다. 결국은 나의 좋은 모습들이 쌓여야 한다. 하루씩 더해가는 최선의 내가 다양한 양동이 속에 차곡차곡 쌓여야 한다. 유독 엄마라는 말의 무게에 짓눌리는 날이 있다. 그때, 내가 쌓아온 '최선의 나'의 모습을 다른 양동이에서 조금씩 꺼내와 힘든 자리를 채울 수 있다. 아이가 나를 부르는 소리가 듣기 좋아지는 가장 확실한 방법이다.

아이가 나를 부르는, 소리가 기쁘다

"어떻게 그래요?"

아이의 유치원 친구 엄마 한 분이 내게 한 질문이다. 아이를 데리러 오는 엄마 중에서 가장 행복한 표정을 짓고 있는데, 그 비결이 무엇이냐고 물었다. 간단하다. 나라는 양동이를 바쁘다는 이유로 소홀히 두지 않는 것이다.

오늘도 일과를 마치고 아이의 하원을 바쁘게 맞이하러 간

183

다. 직장에서 유독 지치고 힘든 날이었지만 그것이 나라는 사람을 단정 짓는 전부가 아니라는 것을 안다. 그 모습이 엄마인 나를, 나라는 사람을 전부 규정하는 일이 아니라는 것을 안다. 나만이 아는 가장 멋진 모습과 마음을 꺼낸다. 유치원 밖에서 아이 모습을 눈동자로 찾는다. 나를 발견한 아이와 눈짓으로 먼저 인사하고, 서로 손을 흔들며 한 번 더 반갑게 인사한다. 아이가 "엄마!" 하고 부르며 달려와 안긴다. 나는 언제나 아이를 아주 오랜만에 만났다는 듯이 반갑고 행복하게 맞이한다.

'아. 이 소리다. 내 아이만의 목소리로, 내 아이라는 존재가 불러주는, 엄마라는 소리, 정말 듣기 좋다.'

이 순간에 행복감을 느끼기 위해 나는 오늘도 새벽 네 시에 일어나 독립된 나만의 시간을 가진다. 그 시간에 내가 가장 좋아하는 것들을 한다. 꼭 카페에 나가서 나의 시간을 가지지 않아도 좋다. 집에서 마음 편히 있을 수 있는 공간을 정하고, 그 공간에서 하루에 내가 정한 작은 일들을 조금씩 해나가는 것만으로도 충분하다. 책 한 쪽 읽기, 아침에 일어나자마자 따뜻한 물 마시기, 스트레칭 10분 하기, 영어 단어 다섯 개 외우기 등 내가 정한 것이라면 어떤 사소한 것도 절대 사소하지 않다. 그 작은 시간이 쌓여 나의 존재가 단단해지고, 아이가 나를 부르는 소리가 듣기 좋아지는 것을 꼭 경험해보길 소망한다.

해냄 스위치를 켜면 혼자서도 잘하는 아이가 됩니다

우리는 서로의
합격증서가 아니다

어린이집 엄마, 유치원 엄마, 같은 아파트 사는 동네 엄마들이 모이면 꼭 이야기하는 주제가 있다. 아이의 성별과 연령대를 가리지 않고 공통으로 통하는 주제다.

"그 집은 애가 엄마랑 영어로만 이야기한대."

"그 집은 애가 여섯 살인데 벌써 한 자리 올림 덧셈을 한대."

이 모든 대화의 결론은 항상 이렇게 끝난다.

"그래서 그 집은 애가 어디 학원 다닌대?"

"그래서 그 집은 어떤 문제집 푼대?"

185

그 집 애의 범주에 우리 애가 들어가면, 그날은 유달리 기분 좋은 날이다. 마치 내가 아이를 잘 키우고 있는 1등급 엄마 자격증을 딴 듯한 느낌을 준다. 아주 소수의 엄마에게만 허락되는 그 자격증 말이다. 그런데 불행히도 그 자격증엔 나의 차례가 보장되어 있지 않다. 자격증에는 우리 아이의 '특별함'이라는 주관적 조건이 아닌 '점수'라는 객관적 지표가 필요하기 때문이다.

나 또한 갈대처럼 휘청휘청 흔들리던 날들이 있었다. 이런 대화를 나누고 온 날이면 어김없이 아이에게 불만이 생겼다. 그리고 그 불만은 '내가 지금 뭘 잘못하고 있나'라는 마음의 들불로 이어졌다. 이 들불은 아이의 부족함을 샅샅이 찾아내 수면 위로 올리고자 했다. 하지만 남는 것이라곤 자책이라는 마음의 짐뿐이었다. 나와 아이에게 좋을 것 하나 없는 비교의 굴레였다.

누구 엄마 말고, 나의 이름이 앞으로 가는 삶

지금은 이 굴레에서 완전히 벗어났다. 아이와 나는 다른 삶을 사는 존재라는 것을 인정한 이후부터다. 나는 '그 집 엄마' 대신 나의 이름이 불리는 삶을 살기로 했다. 이 다짐은 아주 작은 일부터 시작된다. 나는 처음 본 엄마들의 모임에서 사람

들을 만났을 때도 꼭 내 이름을 소개한다. 아이 이름을 붙여
'OO 엄마'로만 부르다 모임이 끝날 때까지 그 집 엄마 이름을
모르고 돌아온 경우가 허다하다. 그 엄마는 자신의 고유한 삶
과 이름이 있는데, 카톡 프로필에 뜨는 건 'OO 엄마'뿐이다.
나는 아이들의 성과에 기대지 않기 위해, 그것을 발판 삼아야
만 내가 자랑스러워지지 않기 위해 나의 이름을 다짐처럼 먼
저 말한다.

　육아는 성과로 접근하는 순간 '불안'이라는 커다란 블랙홀
을 만나게 된다. 그 불안의 블랙홀에 아무리 많은 것들을 가져
다 부어도 빨아들이기만 할 뿐 채워지는 것은 없다. 아이가 나
의 성과가 되어선 안 된다는 것을 인정해야 한다. 육아는 아이
를 건강하게 키우기 위한 종합 예술의 항목이다. 이런 일들에
어떤 기준으로 성과를 판단하고 평가할 수 있을까. 정 성과를
내고 싶다면, 엄마인 내가 내면 된다. 나만 하면 되는 일이기
에 훨씬 빠르고 정확한 길이다. 아이는 빼고, 엄마 이전에 나
로서 받는 평가에 자랑스러워지면 된다. 이 자랑스러움은 아
주 사소한 것에서부터 시작할 수 있다.

나에게 자부심을 가진다는 건

　나는 내 이름이 자랑스러워지는 순간을 몇 번이나 경험했

187

다. 2019년부터 시작한 루틴이 5년째 이어져오고 있다는 것만으로도 나는 나에 대한 자부심을 느낀다. 내가 어떤 직장을 다녀서가 아니라, 내가 그 안에서 큰 업적을 이뤄내고 있어서가 아니라, 내가 나를 위해 하는 소소한 노력만으로도 내 안에 충분한 자신감과 충만함이 생겼다.

하루에 한 시간 영어 공부, 하루에 한 쪽이라도 책 읽기, 하루에 20분 운동하기와 같이 나는 내가 정한 약속을 더 잘 지키기 위한 최소한의 장치들을 만들었다. 성취의 경험이 생겨야 즐거움과 지속성이 생긴다. 그렇기에 나는 반드시 성공할 수 있는 하나의 루틴 시스템을 만들었다.

매달 첫째 날, 그달의 목표 루틴을 정하고 그 루틴들을 나만의 달력에 하나하나 기록해 나갔다. 루틴을 시작하며 목표를 이루고 싶은 나와 쉬고 싶은 나를 모두 받아들이기 위한 장치들을 마련했다. 주말에 하루는 쉴 수 있는 리플 데이[RestFul Day]를 정했고, 친구와의 약속이 있는 날이나 모임이 있는 날에는 루틴을 패스할 수 있는 두 번의 찬스권을 만들었다. 그리고 내가 정한 여러 가지의 루틴 중 하나라도 하는 날을 인정해주는 상냥한 두 번의 '낼또권(내일이 또 있잖아)'도 만들었다. 한 달의 마지막 날, 나의 루틴 목표를 모두 이뤘다면 만 원 정도의 선물을 나에게 보상으로 줬다.

나는 이렇게 내가 즐겁게 성공 경험을 쌓을 수 있는 루틴

188

시스템을 만들었고, 3개월 이상 지속하다 보니 단단하고 긍정적으로 차오르는 나를 느꼈다. 그때 나처럼 흔들리는 엄마들을 도와주고 싶은 마음이 들었다. 혼자 말고, 같이 하면 더 많은 에너지를 받을 수 있을 것이라 느꼈다. '내가 할 수 있을까'라는 두렵고 작아지는 마음이, 3개월간 쌓인 성공 경험으로 '해보자'라는 마음이 되었다. 그렇게 다른 사람들의 루틴도 도와줄 수 있는 루틴 소모임을 만들었고, 그때 만든 소모임이 어느덧 같은 멤버로 4년째 지속되고 있다.

나의 건강과 행복을 위해 하는 소소한 일들을 꾸준히 했을 뿐인데, 그걸 잘 지속하기 위해 다른 사람과 함께하려고 노력했을 뿐인데 놀라운 변화가 생겨났다.

"너는 정말 열정적이야."

"너는 정말 부지런해."

"너는 정말 좋은 영향을 줘."

이런 말을 듣기 시작했다. '다섯 살에 한글 다 뗀 누구 엄마'로 불리는 건 힘들었는데, '자신에게 최선을 다하는 사람'으로 불리는 덴 1년이면 충분했다.

진정 서로가 자랑스러워지는 방법

아이의 이름을 엄마의 업적이나 성과로 생각하지 않으니,

189

나는 아이의 평가에서 한결 가벼워졌다. 엄마들의 대화 속에서 '다음 차례의 주인공은 꼭 내가 되어야지'라는 마음이 물러났다. 아이의 점수가 나라는 사람 자체를 인정하는 일이 아니라는 것을 받아들이니, 아이에게 한결 관대해졌다. 아이는 아이의 속도대로 자라나고 있다는 것을 그대로 받아들이게 되었다. 너는 너만의 속도로 자라나고 있다는 것을 따스하게 바라보는 힘을 얻었다. 아이가 천천히 가는 레이스를 선택했다면, 나는 맨 앞줄 응원석에 앉아 그 길을 열렬하게 응원할 수 있는 응원 단장을 자처하게 되었다.

이 과정에서 내가 가장 크게 얻은 것은 아이와의 관계이다. 나는 나의 이름을 가진 엄마로 사는 것을 선택했을 뿐인데, 아이는 내 옆에 와서 자신의 엄마로 함께 살아가자며 손을 건넸다.

"우리 엄마는 공부 진짜 열심히 해요."라고 아이는 사람들 앞에서 자랑스럽게 말한다. 아이가 일곱 살 때 유치원에서 지은 시를 소개하고 싶다. 제목은 〈사왕〉이다. '아빠는 블록왕 / 엄마는 공부왕 / 나는 종이접기왕 / 동생은 밥 잘 먹는 왕 / 네 식구 모두 다 / 왕이다'라는 시였다. 이처럼 공부왕인 엄마를 아이는 늘 자랑스럽게 여겨준다.

엄마는 자신이 자랑스러운 삶, 아이는 그런 엄마가 자랑스러운 삶, 아이는 자신이 자랑스러운 삶, 엄마는 그런 아이가

190

자랑스러운 삶. 어려운 것이 아니다. 자랑스러워지고 싶은 사람이 자랑스러워지는 삶을 살기로 하면 되는 것이다. 서로에게 강요하지 않고 그저 자신이 가진 속도와 방향을 존중하면 되는 것이다. 자랑스러워지는 방법은 각자에게 있다.

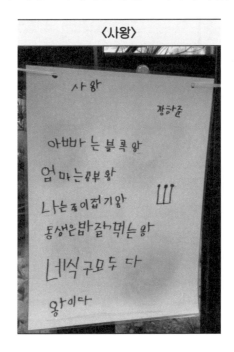

혼내는 대신 재밌게 ① 아이의 영어 고충을 이해하는 3 스텝

길을 걷다 보면 한글보다 영어로 된 간판을 자주 보게 된다. 영어 스펠링으로 쓰여 있지 않더라도 영어를 발음했을 때의 소리를 한글로 그대로 옮겨 적은 간판들도 많다. 예를 들어 'LOVE 분식'이라 적지 않고 '러브 분식'으로 적는 것처럼 말이다. 우리나라만큼 일상생활에서 영어로 한마디도 말하지 않으면서, 영어 공부에 이렇게 많은 시간과 노력을 할애하는 나라가 있을까? 평상시에 영어를 자연스럽게 듣고 말을 할 수 있는 기회가 많지 않아 영어 유치원, 일명 유아 영어 학원이라는 공간까지 생겨났다. 우리가 이렇게 영어에 사력을 다하는

해냄 스위치를 켜면 혼자서도 잘하는 아이가 됩니다

이유는, 영어라는 언어를 배우는 것이 쉽지 않기 때문이다. 하지만 잘하기만 한다면 얻게 되는 많은 기회가 있다. 그렇기에 우리는 영어에 기꺼이 진심과 시간을 투자한다.

나는 지금도 영어가 어렵다. 학창 시절부터 긴 내신 기간을 지나 수능, 그리고 취업을 준비하던 시절까지 합하여 근 15년이 넘는 세월을 영어 공부에 쏟았음에도 여전히 영어를 잘하진 못한다. 10년을 공부하면 전문가가 된다던데, 왜 영어만은 그 공식에서 예외가 되는 건지 알다가도 모르겠다. 해외여행을 가서 영어라는 장벽 앞에서 어깨가 반으로 접어지는 경험을 한 번쯤은 해봤을 것이다. 우리 모두 이런 과정을 겪어왔기 때문에 아이에게만큼은 영어에 대한 자신감을 일찍 키워주고 싶어 한다. 영어를 잘하게 되면 얻을 수 있는 이점들을 아이에게만큼은 어릴 적부터 미리 채워주고 싶다. 아이들이 영어라는 날개를 등에 달고 걸어가는 길마다 놓여 있는 돌멩이를 사뿐사뿐 넘어가길 원한다. 내 아이가 영어만 잘해도, 인생의 시련 중 반은 덜어낼 수 있다는 것을 알고 있기에 우리의 욕망은 더욱 강력하다.

나는 '영어 잘하는 아이'를 꿈꿨다

나도 그런 마음으로 영어 공부를 시작했다. 아이와 처음 갔던 문화센터에서 노부영 노래를 듣고 엉덩이를 실룩거리는 아이를 보자 내 마음에 불이 붙었다.

'아이에게 영어로 말을 좀 걸어주자.'

'아이에게 영어로 된 노래를 좀 불러주자.'

이 두 가지 욕망의 솔직한 목표는 '영어 잘하는 아이로 만들고 싶다'는 거였다.

나는 그때부터 아이를 재우고 하루에 3시간씩 영어 공부를 시작했다. 나의 영어 공부의 목적은 아이에게 있으니 아이와 관련된 영어 공부가 가장 큰 바탕을 이뤘다. 우선은 아이에게 불러줄 수 있는 영어 노래들을 전부 외우기 시작했다. 아이가 좋아하는 노부영 시리즈에 나오는 모든 노래들을 외웠다. 노래를 외우면 언제 어디서든 상황에 맞게 선곡해 직접 불러줄 수 있었다.

70곡 정도의 노래를 툭 치면 바로 튀어나올 수 있을 정도로 외웠다. 아이를 등원시키는 산책길에, 놀이터에서 그네를 밀어주면서, 밥을 먹으면서, 목욕 놀이를 하면서 상황에 맞는 노래들을 불러주었다. 그리고 아이에게 하루에 열 권 정도의 영어 그림책을 매일 읽어주었는데, 이때도 읽어주는 것에서 끝나는 게 아니라 나의 영어 유창성을 향상하는 기회라고 생각하며 임했다. 나는 항상 영어를 눈으로 읽거나 듣기만 했지, 소리 내어 누군가에게 말해본 경험은 거의 없었다. 나의 어색

194

한 영어를 두 귀를 활짝 열고 들어주는 열렬한 수강생 한 명을 확보했으니 나는 이 기회를 놓치고 싶지 않았다.

아이만을 위한 영어였다면 나의 영어 공부는 영어 노래, 영어 그림책에서 끝났을지 모른다. 그런데 아이와 함께 영어 노래를 부르고, 영어 그림책을 읽다 보니 이상하게 영어 공부가 재밌었다. 교과서에서 보던 영어, 수능 지문에서 만나던 영어와는 사뭇 달랐다. 노래와 그림책 안에 담겨 있는 영어는 친절하고 다정했다. 나의 생활과 밀접하게 연결되어 있었기에 구체적이고 쉬웠다. 내가 손을 뻗을 때마다 냉정히 멀어지던 영어가, 이번에는 내가 뻗은 손을 맞잡아주었다. 영어를 더 공부하고 싶다는 마음이 들었다.

'영어 잘하는 나'를 꿈꾸게 되다

나는 주변에서 흔히 만날 수 있는 '영알못' 엄마였다. 문자 그대로 영어를 알지 못하는 엄마였다. 새벽 내내 달달 외운 내신 영어, 문제집을 풀고 또 풀면서 의문점만 쌓이던 수능 영어의 길을 그대로 걸어온 나였다. 15년을 공부했는데 영어에 대한 기초가 어찌 이리도 없었을까? do와 does를 제대로 구분하지 못하고 쓸 정도로 나는 영어에 대해 이방인이었다. 그런데 아이와 함께 영어 노래를 부르고 영어 그림책을 읽다 보니

195

영어 공부가 하고 싶어지고, 심지어 재밌어졌다. 그래서 나는 영어에 이방인인 나를 위한 계획을 세웠고 5년 동안 3 스텝의 길을 걸었다.

1 스텝: 쌓기 (케이크 시트)
2 스텝: 확장 (케이크 크림)
3 스텝: 수용 (케이크 장식)

▶▶ 1 스텝: 케이크 시트 ◀◀

무엇이든 1 스텝이 가장 중요하다. 우리는 케이크를 먹을 때 먹음직스럽게 발린 생크림, 그 위에 올라간 다양한 장식을 보고 혹해서 구매하곤 한다. 하지만 그렇게 구매한 케이크의 시트가 퍽퍽하고 맛이 없을 때 크게 실망한다. 기본이 되어 있지 않다고 생각하기 때문이다. 이처럼 기초는 케이크의 크림 밑에 숨겨진 시트와 같은 부분이다. 눈에 보이지 않지만, 보이지 않기에 중요하다. 케이크의 맛을 결정짓는 가장 중요한 요소이기 때문이다.

영어에서도 보이지 않지만 모든 맛을 결정하는 기초 단계인 1 스텝이 가장 중요하다. 나는 이 기초를 아이에게 바로 적용할 수 있는 말 걸기 책으로 시작했다. 문장을 필사하고, 녹음하고, 마지막엔 한글만 보고 영작을 할 수 있을 정도로 입에 붙게 한 뒤 아이에게 말을 걸며 실생활에서 적용했다. 그렇게 한 권의 책을 끝내고 나니 이 문장이 왜 이런지 모르겠다는 생각이 들었다. 그래서 고등학교 이후 처음으로 유튜브 무료 기초 영문법 강의를 수강했다. 세 권의 문법책을 끝내고 나니 신기하게도 문장의 기본 골조가 보였다.

15년을 해도 보이지 않던 것이 재미를 느끼니 보였다. 아이와 읽는 영어 그림책도 필사, 낭독, 녹음의 과정을 거쳤다. 책 속에서 만났던 딱딱한 문법과 어휘가 그림책 안에서 살아 숨 쉬는 경험을 했다. 그리고 아이 영어 습득에 대한 기본 과정을 제대로 이해하고 싶어 온라인 테솔(Tesol) 과정을 수강했다. 테솔이란 모국어가 영어가 아닌 사람들에게 영어를 익힐 수 있도록 그 과정을 전문적으로 배우는 자격증을 뜻한다.

▶▶ 2 스텝: 케이크 크림 ◀◀

2 스텝은 맛있게 만들어진 케이크 시트 위에 크림을 바르는 일이다. 시트를 단단하게 만들면 크림을 바르는 일은 훨씬 수월해진다. 시트만 단단하다면 내가 좋아하는 맛의 크림, 즉 나에게 맞는 나만의 방식을 골라 그 위에 꼼꼼히 바르기만 하면 되기 때문이다. 내가 고른 크림의 맛은 바로 '챕터북, 영어 일기, 전화 영어'였다.

나는 기본적으로 이야기가 있는 책을 읽는 것에 큰 흥미를

197

느꼈다. 그래서 더욱 영어 그림책의 매력에 빠졌던 것 같다. 기초 문법과 쉬운 영어 그림책으로 케이크 시트를 만든 후에 는, 쉬운 영어 챕터북을 골라 읽기 시작했다. 문법책에서 만났 던 내용이 챕터북에서 응용되어 쓰이는 것을 확인했고, 영어 그림책에서 만났던 어휘가 챕터북에서 다른 의미로 확장되어 쓰이는 것을 느꼈다. 그리고 머릿속에서 둥둥 떠다니던 영어 의 실체를 잡기 위해 영어 일기를 쓰기 시작했다. 영어 일기를 쓰다 보니 내가 하고 싶은 말을 더 잘 전달하기 위해 공부해야 하는 단어와 문법이 보였다. 나의 언어로 쓰고 나니, 내가 모 르는 것과 아는 것이 점검되었다. 더군다나 일기를 쓰다 보니, 이제는 누군가와 말이 하고 싶어졌다. 첫째가 어린이집에 가 고, 둘째가 잠든 낮잠 시간을 이용하여 하루 30분, 주 2회 전 화 영어를 시작했다. 다른 사람과 소통하니 영어가 더 즐거워 졌다. 나는 그렇게 나만의 방식으로 시트 위의 크림을 발라갔 다.

▶▶ 3 스텝: 케이크 장식 ◀◀

3 스텝은 케이크 위에 나만의 장식을 놓아 꾸미는 단계다. 장식을 고른다는 것은, 내가 무엇을 중요하게 생각하는지 '나 타내는 일'과 같다. 영어가 진정 삶의 동반자가 되기 위해선 어떤 장식을 골라야 할까? 나는 '소통'을 선택했다.

혼자서 할 수 있는 소통과 다른 사람과 함께해야 하는 소통 두 가지를 실천했다. 먼저, 영어를 자주 듣고 쓸 수 있는 환경에 나를 두었다. 우선 손에 자주 들고 다니는 휴대전화 언어 설정을 영어로 바꿨다. 그리고 밥솥, TV, 정수기 등 집 안에 있는 전자기기의 모든 설정을 영어로 변경했다. 신기하게도 이렇게 휴대전화와 자주 쓰는 전자기기의 언어 설정을 바꾸는 것만으로도, 예전보다 자주 듣고 쓸 수 있었다.

함께할 수 있는 소통으로는, 화상 영어와 온라인 토론 모임을 활용했다. 아이들을 재우고 밤 10시부터 필리핀 선생님과 매일 30분 화상 영어를 했다. 내가 가진 생각을 직접 말로 전달해보며, 내가 무엇을 말할 수 있고 없는지를 확실히 느꼈다. 화상 영어를 하다 보니 더욱 깊이 있는 주제로 말을 하고 싶다는 생각이 들었다. 그때, 영어 토론 소모임에 가입했다. 테드(Ted) 영상을 보고 질문을 만들어 서로의 생각을 나누며 토론하는 모임이었다. 이 모임에서 제대로 말 한번 해보기 위해 내 생각을 잘 나타낼 수 있는 영어 단어와 문장들을 공부했다. 그래도 제대로 말하지 못하는 때가 더 많았다. 하지만 소통의 가장 좋은 점은, 다른 사람이 말하는 좋은 문장과 단어를 들으며 나도 배울 수 있다는 데 있다. 나는 이렇게 영어를 동반자로 삼아 나만의 케이크 장식을 꾸몄다.

199

나는 '영어를 좋아하는 아이'를 꿈꾼다

do와 does도 제대로 구분해서 쓰지 못하던 내가 이제는 외국에서 살다 왔냐는 말도 듣는다. 남들은 1년 만에도 한다던데, 나는 무려 5년이 걸렸다. 그렇기에 이 과정에서 배운 강력한 메시지가 있다. 영어를 잘하게 된다는 건 정말로 어려운 일이라는 것이다. 내가 먼저 해봤기에 막연하게 '영어 잘하는 아이'를 꿈꾸지 않게 되었다. 이젠 '영어 잘하는 아이'가 아닌 '영어를 좋아하는 아이'를 꿈꾼다. 좋아하는 아이만이 자신만의 케이크 크림을 고르고, 자신이 놓고 싶은 장식을 고를 수 있다는 걸 알기 때문이다.

아이는 자신의 삶 속에서 즐겁게 영어를 배워야 한다. 그건 대형 어학원을 다니거나 영어 유치원(유아 영어학원)에 등록해야만 얻을 수 있는 혜택이 아니다. 엄마와 집에서 영어 노래를 듣고 함께 부르는 것부터 시작할 수 있다. 자신의 일상과 밀접하게 연결된 영어를 만났을 때, 영어가 자연스럽게 살아 숨 쉬며 아이에게 다정하게 손을 뻗는다. 어릴 적부터 그런 즐거움을 차곡차곡 쌓은 아이는 자신만의 케이크 시트와 크림을 완성해 나가고, 나아가 자신에게 맞는 장식을 고민할 수 있다.

엄마가 먼저 영알못의 세계에서, 코피 나게 영어를 공부한 진정한 보상은, 영어가 아이에게도 얼마나 어려울지 알게 되

200

는 공감이다. 아이가 자라며 영어 공부에 지치는 순간이 올 것이다. 그때 "맞아. 엄마도 해봤는데 진짜 어렵더라. 엄마도 여전히 어려워."라고 말할 수 있는 경험의 힘이 있다. 그런 엄마는 아이를 기다려줄 수 있다. 무엇이 가장 중요한 것인지 중심을 잡고, 초등 전에는 파닉스를 전부 떼야 한다는 주변의 말에 흔들리지 않을 자신이 있다.

'엄마가 5년을 피나게 공부해도 여전히 어려운 영어, 너는 오죽할까?'

이 마음으로 접근하는 엄마가 있다면 영어는 아이에게 결코 이방인이 되지 못한다. 엄마가 먼저 영알못 세계를 경험한 것이 어쩌면 아이에게 가장 큰 행운이 될지도 모른다.

슬로우 미러클 영어 그림책 카페

슬로우 미러클 영어 그림책 카페는 '영어책 읽기의 힘' 고광윤 교수님이 운영하는 곳이다. 2020년 5월에 처음 문을 열 때부터 함께했다. 영어 그림책을 아이에게 읽어주는 것이 좋은 방법이라는 것을 알지만, 생각보다 많은 엄마가 아이에게 어떤 영어 그림책을 읽어줘야 할지 몰라 시작하지 못하는 경우가 많다. 나도 그런 엄마 중 한 명이었기에 그 고충을 충분히 이해하고 있다.

엄마표 영어를 할 때 슬로우 미러클 영어 그림책 카페를 추천하는 이유는, 매 학기 좋은 영어 그림책 목록을 제공하기 때문이다. 단순히 영어 그림책 목록을 제공하는 것을 넘어, 매일 엄마가 한 권씩 읽고 자신만의 짧은 감상문을 남겨야 하는 '실천'이 있다.

201

이 '실천'을 통해 가장 먼저 바뀌는 것은 엄마 자신이다. 엄마가 먼저 영어 그림책에 대한 재미를 느끼게 되면, 그 재미는 아이에게로 자연스레 흘러가게 된다. 또한 영어 그림책을 꾸준히 읽다 보면 그림책에 대한 안목을 키울 수 있어, 내 아이에게 맞는 영어 그림책을 찾을 수 있는 안목을 가지게 된다. 좋은 영어 그림책을 통해 자신만의 철학과 삶의 방향을 잡아가는 엄마들을 많이 만날 수 있는 곳이다.

나는 작년부터 슬로우 미러클 영어 카페에서 '예비 작가'로 활동하고 있다. 예비 작가의 역할은, 매일 한 권씩 올라오는 영어 그림책에 대한 감상문을 작성해서 엄마들에게 그림책의 다양한 삶의 시선을 제공하는 일이다. 나는 영어 그림책을 단순히 '읽는 활동'이 아닌 '쓰는 활동'으로 넘어감으로써, 영어 그림책을 더욱 나의 삶에 가까이 두게 되었다.

영알못 엄마의 단계별 '찐' 영어 교재 및 사이트	
영역	**교재 및 사이트**
영어로 말 걸기	《Hello 베이비, Hi 맘》 《효린파파와 함께하는 참 쉬운, 엄마표 영어》
영어 발음	《발음을 부탁해: 원리편》 《발음을 부탁해: 실전편》 《발음을 부탁해: 교정편》 영어 음소 무료 유튜브 채널: 'Sharon kang' 발음을 부탁해 시리즈
영어 1분 스피치	《English for Everyday Activites: 일상표현 낭독편》 《English for Everyday Activites: 이디엄편》 《English for Everyday Activites: 서바이벌편》 《English for Everyday Activites: activity book》

영역		교재 및 사이트
영어 문법	기초 잡기	《혼공 기초 영문법 Level 1》 《혼공 기초 영문법 Level 2》 《혼공 기초 영문법 Level 3》 기초 영문법 무료 유튜브 채널: '혼공TV' 혼공기초영문법 시리즈
		《일빵빵 기초영어 시리즈》 1~5 기초 영어 시리즈 무료 유튜브 채널: '일빵빵' 입에 달고 사는 기초영어 시리즈
	기초 다지기	《Basic Grammer in use》 《Grammer in use intermediate》

3장. 좋은 관계가 '기분 좋게 해내는 아이'를 만든다

영어 낭독	EBS 입이 트이는 영어 EBS 파워 잉글리쉬 아리랑 TV 뉴스
무료·유료 영어 앱	유료: 말해보카 (어휘, 스피킹, 문법, 발음 수록) 유·무료: EBS 반디앱 (무료 청취, 정기권 구독)
유아의 영어 습득 과정 이해	어린이영어연구회 테솔(Tesol) 과정 수강

해냄 스위치를 켜면 혼자서도 잘하는 아이가 됩니다

수포자 엄마가 선택한
관계지향 수학 접근법

"으이구! 바보야, 이것도 못 풀어?"

수학이라는 단어를 떠올리면 자연스레 따라오는 오랜 기억 하나다. 문제집 채점을 마친 엄마가 문제들 위에 우수수 그어진 빗금을 보고 내 머리를 쥐어박았다. 엄마가 내 머리를 주먹으로 쥐어박은 순간 내 머리가 기우뚱하고 기울더니 그대로 창가 쪽 벽에 쿵 하고 박았다. 벽에 부딪힌 충격 때문인지, 엄마의 말로 인한 충격 때문인지 그 기억이 무려 30년이 지난 지금까지도 잔상으로 남아 있다.

지금은 엄마가 오죽 답답했으면 그러셨을까 싶지만, 2학년

205

인 그때의 나는 몰랐다. 내게 남은 건 '나는 이것도 못 푸는 아이'라는 느낌이었다. 한마디로 '나는 수학을 못 하는 아이'라고 스스로 정의를 내렸다. 엄마의 말 한마디로 내린 정의는 아니었지만, 엄마의 말 한마디가 큰 도화선이 된 게 사실이다. 수학을 못하는 아이라는 느낌이 치명적인 이유가 있다. 바로 그 무기력한 느낌은 학령기 전반에 걸쳐 어려운 수학 문제를 만날 때마다 손님처럼 마음의 문을 노크하기 때문이다. 그때마다 문을 열어줄까 말까 고민하는 아이는 결국 '맞아. 난 수학을 못하니까'라며 슬며시 문을 열어주고야 만다. 그 느낌이 쌓이고 쌓이다 보면 문을 활짝 열어주는 횟수가 잦아지게 되고, 결국 수학에 무기력해진다. '해봤자 안 되는'이라는 마음으로 귀결이 되는 것이다. 이런 마음을 안고 중학교에 가는 순간 우리는 주변에서 흔히 말하는 '수포자'가 된다. 나도 그렇게 줄곧 수포자의 길을 걸었다.

엄마도 실은 수학을 잘하고 싶었어

나는 비록 수포자였지만, 그럼에도 수학을 잘하고 싶었고 열심히 했다. 나의 가장 많은 시간을 수학에 할애했다. 고액학원, 출장 과외, 새벽에만 운영하는 1:1 족집게 과외 등 엄마가 나를 위해 투자한 사교육 중 가장 비싼 금액을 치른 과목은 모두 다 수학이었다. 하지만 나에게 필요했던 건 문제 푸는 스킬이 아닌, 문제를 만났을 때 무기력해지지 않는 마음이었다. 이 마음은 나뿐만이 아닌, 학령기에 있는 모든 아이에게도 필요한 마음이다.

지금은 교사가 되어 수학으로 머리를 싸매고 있는 아이들을 만난다. 내가 만난 학생들은 모두 옛날의 나처럼 수학을 잘하고 싶어 한다. 학생뿐만이 아니다. 우리 아이들도 마찬가지다. 내가 해봐도 어려운 이 수학이, 우리 아이에게는 쉬울 거라고 생각한다면 그건 아주 큰 오해다.

이런 생각을 가지고 아이에게 접근하는 순간 '으이구, 이것도 못 풀어!'라는 말이 자동으로 나오게 되는 것이다. 내가 해봐도 어려운데, 아이에게는 오죽 어려울까 하는 마음으로 접근해야 한다. 그렇다면 부모가 아이에게 해줄 수 있는 일은 무엇일까? 바로 수학에 대한 작은 성공 경험을 가정에서 쌓아주는 것이다. 수학에 대한 즐거운 경험을 함께 쌓아가는 것이다. 뭐든지 즐거워야 계속하고 싶고, 계속해야 잘하게 된다. 그런데 그건 예전의 나처럼 문제집을 푸는 것부터 시작하면 어려운 길이 된다. 더 쉬운 길이 있다.

엄마가 알면 훨씬 쉬운 '가베 놀이법'

아이가 어릴 때 아이에게 수학에 대한 즐거움을 선물해주
고 싶다면, 아이의 생활 속으로 수학을 자연스레 끌어들여야
한다. 수학은 일종의 약속이다. 수학을 잘하려면 필수적으로
약속, 즉 개념에 대한 정확한 이해가 필요하다. 수학을 잘하는
아이들은 이 약속에 도착하는 과정을 창의적으로 풀어낸다.
아이들이 2학년에 올라가면 곱셈을 배운다. 11단까지 구구단
을 틀리지 않고 외우는 아이들이 곱셈 문제를 잘 풀까? 그렇
지 않다. 3×3을 기계적으로 9라고 외운 아이는 3×3에 관
해 묻는 문제밖에 풀지 못한다. 하지만 3×3의 진짜 의미를
아는 아이는 다르다. 3이 세 개가 있어서 곱셈이라는 간편한
기호를 사용해서 3×3이라고 약속해서 적기로 했다는 걸 아
는 아이는 3×3 이상의 문제를 풀 수 있다. 아이들이 어릴 때
내가 주고 싶었던 건 바로 이런 약속에 즐겁게 접근하는 법이
었다.

전조작기에 해당하는 4~7세 아이들이 세상을 배우는 방법
은 오감을 통해서다. 그렇기에 아이들이 어릴 때 자주 손으로
조작하며 수를 접해야 한다고 생각했고, 가장 좋은 접근법이
가베라고 판단했다. 그런데 가베의 종류도 워낙 많고 정리 방
법도 복잡하니 쉽게 손이 가지 않았다. 아이들에게 자주 해주

해냄 스위치를 켜면 혼자서도 잘하는 아이가 됩니다

고 싶다면 나부터 알아야겠다는 생각이 들었다. 잘 모른다고 생각하니 막막하고 어렵게 느껴졌기 때문이다. 인터넷에서 가베 지도사 강의를 찾아보았는데, 40만 원이라는 비싼 수강료부터 강의가 100회가 넘어가는 곳들이 있었다.

무엇이든 나에게 부담이 되지 않아야 지속할 수 있다. 비싼 수강료, 100회가 넘는 강의는 나에게 이미 '시작도 전에 엄두도 안 난다'라는 어려움으로 다가왔다. 그때 인터넷에서 가베 교육 전문가 교수님이 해주시는 무료 가베 강의를 발견했다. 1부터 10까지의 가베 놀이법과 연합 놀이법까지 필요한 내용만 알차게 15강으로 구성되어 있었다.

한 달 동안 하루 한 시간만 시간을 내어 강의를 들었고, 1급 가베 지도사 자격증을 땄다. 가베에 대한 진입장벽을 낮아지니, 자주 꺼내와서 아이들의 나이와 흥미에 맞게 함께 놀이할 수 있었다. 네 살부터 시작한 가베 놀이로 아이들은 자연스럽게 도형의 속성, 꼭짓점, 변 등의 개념을 익혔다. 다섯 살이 되니 가베 정리는 아이들이 스스로 할 수 있게 되었다. 엄마가 먼저 하자고 하지 않아도 아이들이 자연스럽게 가베를 꺼내 굴리고 만져보았다.

수포자 엄마도 할 수 있는 무료 가베 교육 사이트

[사회교육중앙회]

사이트 주소 : https://www.lei.or.kr/index.asp

많은 부모가 가베에 관심이 있지만, 가베 뚜껑을 열기까지 어려움을 느낀다. 그 이유는 '가베'라는 말을 들었을 때 떠오르는 느낌이 '어렵다'이기 때문이다. 아이에게 해주고 싶은 마음은 있지만, 잘 모른다는 마음이 들면 섣불리 시작하기가 어렵다. 아이와 가베를 시작하기 전에 가베 관련 교육서를 보는 것도 좋은 방법이지만, 시간을 조금 내어 직접 온라인 강의를 듣는 것을 추천한다. 막연했던 두려움을 걷어내고 가베 뚜껑을 열어 실체를 확인할 수 있기 때문이다. '사회교육중앙회'라는 사이트는 가베 교육 전문 교수님의 무료 강의와 무료 교재를 제공한다. 국가인정기관인 한국직업능력개발원에서 정식 등록된 자격증 취득 온라인 교육원이기 때문에 사회교육중앙회의 '가베 지도사 자격증 과정'은 엄마의 가베 진입장벽을 낮추고 아이와 즐겁게 가베를 시작하는 첫걸음으로 추천하는 곳이다.

[추천 이유]

① 가입 후 최초 세 가지 과정에 대해서 별도 조건 없이 누구나 전액 무료로 수강할 수 있도록 지원해준다. 가베 지도사, 독서 지도사 등 엄마표 교육에 활용하기 좋은 다양한 과정이 있다. 이외에도 놀이심리상담사, 음악심리상담사 등 평상시 관심을 두고 있던 분야가 있다면 함께 수강할 수 있다. 사회교육중앙회의 자격 과정은 총 108개다.

해냄 스위치를 켜면 혼자서도 잘하는 아이가 됩니다

② 교재는 별도로 구매할 필요 없이, 무료로 홈페이지에서 다운로드 가능하다.

③ 자격증 시험은 온라인으로 이루어지며, 2급 자격증 합격 후 1급 자격증 시험 응시가 가능하다. 자격증 시험 합격 후 자격증을 발급받고 싶다면 발급 비용 8만 원을 내면 된다.

연령별 가베 놀이			
가베	가베 한 줄 소개	놀이 연령	놀이 방법
1가베	12개의 부드러운 실로 감싼 공으로 구성되어 있다.	4세 이상	색 탐색, 촉감 탐색, 모양 탐색, 공 던지기, 바닥에 튕겨보기, 던져서 받아보기, 몸 위에 올려보기, 위치 알기, 방향 놀이, 1:1 색 대응 놀이, 1가베 공 찍기 놀이, 숨은 공 찾기
		6세 이상	1~12까지의 수 알아보기, 숫자 카드를 이용해 같은 수 연결하기, 숫자와 바둑알 연결하기, 짝수/홀수 알기, 부등호 알기, 위치 기억 (메모리 게임) , 빵 더하기 놀이

2가베	구, 원기둥, 정육면체 세 가지 입체도형으로 이루어져 있으며, 나무로 만들어졌다.	4세 이상	빙글빙글 회전 놀이, 세 가지 도형 친구들 소개, 같은 모양 찾기, 낚시 놀이
		6세 이상	입체도형 도장 찍기 놀이, 입체도형 속에서 평면도형 찾기 활동, 입체도형 단면 관찰하기, 실물 놀이(놀이터의 놀이기구 만들어보기), 전개도 꾸미기, 대칭 회전 놀이
3가베	작은 정육면체 여덟 개가 들어 있으며, 이를 모두 쌓으면 2가베의 큰 정육면체와 크기가 같다.	4세 이상	건축 놀이, 이야기 놀이, 자르고 모으기 놀이
		6세 이상	빈자리 놀이, 가로/세로 무늬 놀이, 대칭 무늬 놀이, 중심이 변하지 않는 무늬 놀이, 중심이 변하는 무늬 놀이
4가베	직육면체 여덟 개로 구성되어 있으며, 이는 2가베의 정육면체 형태를 가로로 한 번, 위아래로 세 번 잘라서 나타낸 모양이다.	4세 이상	서로 다른 면 찾기 놀이, 집짓기 놀이, 도미노 게임, 쌓기 놀이
		6세 이상	건축 놀이, 실물 놀이, 무늬 놀이, 빙글빙글 풍차 만들기 놀이, 중심이 움직이지 않는 무늬 놀이, 중심이 움직이는 무늬 놀이

해냄 스위치를 켜면 혼자서도 잘하는 아이가 됩니다

5가베	3가베에서 보았던 정육면체가 스물한 개, 정육면체를 대각선으로 한 번 잘라서 생긴 큰 삼각기둥이 여섯 개, 정육면체를 대각선으로 두 번 잘라 생긴 삼각기둥이 열두 개 있다.	4세 이상	악어 이빨 놀이, 큰 산 이야기, 생일 축하 케이크 만들기
		6세 이상	점점 커지는 삼각형 만들기, 점점 커지는 사각형 만들기, 오각형, 육각형, 팔각형, 사다리꼴 만들기, 실물 건축 놀이, 실물 동물 만들기 놀이, 빈자리 채우기 놀이
6가베	열여덟 개의 직육면체와 직육면체를 옆으로 자른 열두 개의 받침, 직육면체를 길게 자른 여섯 개의 기둥으로 구성되어 있다.	4세 이상	계단 만들기, 다리 만들기, 1·2·3 숫자 놀이
		6세 이상	무너지지 않는 요술탑 쌓기, 반복되는 패턴으로 건축물 만들어 보기, 로봇 만들기, 세계 여러 나라의 건축물 만들어보기, 병원 놀이

213

7가베	정삼각형, 정사각형, 직각이등변삼각형, 직각부등변삼각형, 둔각 이등변삼각형, 원, 반원, 마름모의 총 여덟 가지 색이 평면도형으로 구성되어 있다.	4세 이상	탐색 놀이, 같은 도형 찾기 놀이, 같은 색깔 찾기 놀이
		6세 이상	삼각형 도형 놀이, 모양이 변하는 삼각형 놀이, 각 물고기 만들기, 다양한 주제별로 꾸며보기, 팽이 놀이, 칠교 퍼즐놀이, 펜토미노 퍼즐놀이
8가베	여덟 가지의 서로 다른 길이의 막대로 구성되어 있고, 여섯 종류의 길이로 되어 있다.	4세 이상	탐색 놀이, 같은 길이 막대 찾기 놀이, 같은 색깔 찾기 놀이, 김밥 놀이
		6세 이상	막대 변형 놀이(로켓 만들기, 사라진 막대 찾기), 길이 비교, 실물 놀이(거미줄 만들기, 우리 몸의 뼈), 탑 쌓기, 연상 놀이, 길이 재기, 무늬 놀이, 사다리 게임

9가베	큰 고리, 중간 고리, 작은 고리, 큰 반 고리, 중간 반 고리, 작은 반고리로 이루어져 있다.	4세 이상	같은 색 고리 찾기, 같은 모양 고리 찾기, 고리로 목걸이 만들기, 자유 탐색, 고리 던지기, 무지개컵 만들기
		6세 이상	얼굴 꾸미기, 동물과 곤충 꾸미기, 공작새 날개 꾸미기, 다양한 과일 꾸미기, 겨울 물건 꾸미기, 무늬 놀이, 보물상자 만들기
10가베	여덟 가지 색깔의 점을 형상화한 작은 원기둥 조각들로 구성되어 있다.	4세 이상	같은 색끼리 모으기, 점찍기 놀이, 과일의 씨 넣어주기 놀이, 꽃팔찌 만들기, 장갑 만들기
		6세 이상	선으로 표현하기, 면으로 표현하기, 면-선-점이 되는 과정 알아보기, 점 그림 그리기, 열린 선과 닫힌 선의 이해, 숫자판을 활용한 좌표게임, 덧셈 뺄셈놀이

참고 도서 및 교안

215

《창의폭발 엄마표 가베놀이》(3~7세)	《엄마표 수학가베놀이》(6~12세)	《창의 가베놀이 바이블》(3~7세)	《창의력 쑥쑥 친절한 가베놀이 DIY》(DVD 수록)	사회교육 중앙회 가베지도사 무료 교안

가베 외 보너스 팁
: 아이가 생활 속에서 익히는 네 가지 수학놀이

가베 말고도 아이들과 생활 속에서 익힐 수 있는 수학 놀이는 다양하다. 아이들과 4~7세 시기에 즐겁게 했던 오감으로 익히는 수학 놀이법을 몇 가지 소개한다.

▶▶ 1. 사각 블록으로 가족 키 재기 ◀◀

사각 블록은 아이들이 4~6세 때 특히 잘 가지고 놀았던 교구 중 하나다. 유아에게 수학을 친근하게 소개하는 방법 중 하나는 아이들이 평상시에 가지고 노는 물건을 가지고 접근하는 것이다. 사각 블록으로 만든 네모 모양 하나를 1층 단위로 정한 다음 가족들의 키를 재보기만 하면 끝이다. 첫째 하준이는 8층, 둘째 하윤이는 5층, 엄마는 18층, 아빠는 28층이 나왔다. 블록을 세워서 가족 간의 키 차이를 직접 비교할 수도 있

216

고, 세어볼 수도 있다.

▶▶ 2. 그림책에 나오는 등장인물 수 세기 ◀◀

아이가 평상시에 좋아하는 그림책, 포스트잇 두 개만 있으면 할 수 있는 수학 놀이다. 아이가 좋아하는 책에 나오는 등장인물이나 사물을 세어서 포스트잇을 붙인다. 수가 가장 많은 페이지, 가장 적은 페이지를 찾아볼 수도 있고 수의 순서대로 포스트잇을 나열할 수도 있다. 직접 고른 그림책이나 익숙한 이야기에 수 학습이 연결되면 아이의 즐거움은 배로 커진다.

▶▶ 3. 손바닥 자로 길이 재기 ◀◀

손바닥 자를 만드는 활동도 준비물은 아주 간단하다. 종이, 가족의 손, 코팅지만 있으면 가능하다. 코팅할 수 없다면 스케치북같이 두꺼운 종이를 준비해도 상관없다. 스케치북에 가족의 손을 놓고 연필로 손을 따라서 그린다. 손 모양을 자르고 코팅해주면 손바닥 자가 완성된다. 이 손바닥 자를 가지고 집 안에 있는 물건들을 잰다. 손바닥 자로 길이를 잴 때 아이가 길이를 기록할 수 있는 종이 한 장을 함께 쥐여주면 금상첨화다. 냉장고, 책상, 전자레인지, 식탁 등 집에 있는 물건들이 좋은 '길이 비교 단위'로 탈바꿈되는 순간이다. 같은 물건이 손

217

바닥 자마다 다른 길이가 되는 것을 보며 아이들은 공통단위의 필요성을 자연스럽게 받아들이게 되며 cm, m, mm 등과 같은 단위를 즐겁게 배울 수 있다.

손바닥 자로 길이 재기		
가족 손바닥 자 만들기	가구 길이 재기	손바닥 자 길이표

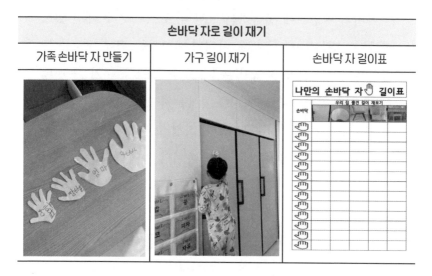

▶▶ 4. 숫자 먹기 대회 ◀◀

실, 아이들이 좋아하는 과자, 10까지의 수가 적힌 종이만 있으면 언제든 꺼내서 할 수 있는 놀이다. 어린 시절 운동회에서 줄에 달린 과자를 따먹던 기억을 소환해서 만든 놀이 방법이다. 수학 운동회를 하기 전 '반 구체물(숫자만큼 점이 찍힌 카드), 구체물(구슬, 젤리, 가베 등 손으로 직접 만질 수 있는 물건), 숫자가 적힌 카드' 세 가지를 '수양 일치(하나에 하나씩 짝 짓기)'하는 놀이로 몸을 풀면 좋다. 실을 넣을 수 있는 작은 구멍이 뚫린 '에이스'나 '참크래커' 같은 과자를 실에 매달고, 벽에 실을 테이프로 붙여 고정한다. 오른쪽에서 여섯 번째에 있는 과자 먹기, 왼쪽에서 두 번째 있는 과자 먹기, 네 번째 다음에 오는 순서의 과자 먹기, 첫 번째 과자에서 두 칸 뒤의 과자 먹기, 여섯 번째 과자에서 세 칸 앞의 과자 먹기 등을 아이들에게 말한다. 아이들은 이를 듣고 운동회를 하듯이 뛰어나가서 해당 순서의 과자를 입으로 똑 따먹는다. 서수 개념, 뛰어 세기, 이어 세기, 사칙연산 모두를 익힐 수 있는 놀이다.

　엄마와 함께하는 생활 속 가베와 놀이를 하며 아이들은 수학 공부를 했다고 생각할까? 그렇지 않다. 자신이 좋아하는 그림책의 등장인물을 세고, 평상시 재밌게 놀던 교구로 물체의 길이를 재고, 실에 매단 세 번째 과자를 따먹는 건 그저 가족과 함께한 즐거운 추억으로 남는다. 나도 힘든데 아이는 어련하겠냐는 마음으로 접근하면, 평상시 보이지 않던 것들이 보인다. 아이들이 좋아하는 물건, 좋아하는 과자, 좋아하는 책을 이용해 할 수 있는 수학 놀이는 얼마든지 있다. 굳이 멀리 가지 않더라도 집 안 곳곳에 아이와 함께할 수 있는 재미있는 놀이가 포진해 있다. 이런 즐거움과 성취감을 쌓은 아이들은 수학이 필요한 순간에 엉덩이를 의자에 붙이고 앉을 힘을 얻는다. 수학 문제를 풀다 어려운 문제에 봉착했을 때 무기력함

219

이 찾아올지라도 문을 열어주지 않을 굳건한 힘을 발휘할 수 있다. 나에게도 어려운 수학, 아이에게는 더 어렵다는 것을 인정하는 해냄 스위치가 필요하다.

숫자 먹기 대회

해냄 스위치를 켜면 혼자서도 잘하는 아이가 됩니다

4장.

모든 아이는
능동적 학습자가 될 수 있다

구글의 비밀 채용에 합격하게 만든 내재 동기의 힘

세상에는 자세히 들여다봐야 알 수 있는 것과 바라만 보아도 보이는 것들이 있다. 수학과 같은 학문은 온 신경을 집중해도 쉽게 답이 보이지 않아 깊이 고민하고 탐구해야 하는 분야다. 반면 봄이 되면 자연스레 피어나는 길가의 개나리와 어김없이 찾아오는 4월의 벚꽃을 생각해보자. 채근하지 않아도 때가 되면 자연스레 만끽할 수 있는 풍경이다. 자세히 들여다봐야 알 수 있는 것과 자세히 들여다보지 않아도 그냥 보이는 것 중 아이의 흥미는 어디에 속할까?

다행히도 아이의 흥미는 후자에 속한다. 아이가 좋아하는 것들은 깊게 탐구하지 않아도 볼 수 있다. 주차된 자동차를 보면 걸음을 멈추는 아이, 노래가 나오면 자동으로 춤이 나오는 아이, 하늘에 지나가는 비행기를 볼 때마다 한참을 올려다보는 아이, 길가에 지나가는 작은 개미를 주저앉아 바라보는 아이, 놀이터만 보면 뛰어가는 아이, 공룡 책이 찢어져서 너덜너덜해질 때까지 보는 아이. 아이의 걸음을 따라가다 보면 발견할 수 있는 모습이다. 아이가 집에서 자주 꺼내오는 놀잇감을 보면, 엄마에게 같이 하고 싶다고 조르는 놀이를 보면 아이가 지금 무엇을 좋아하고, 어떤 것에 관심을 두고 있는지 피부로 느낄 수 있다. 아이는 자신이 타고난 결과 무늬에 따라 자연스럽게 자신의 흥미를 드러내며 성장한다. 이는 계절에 따라 꽃이 피는 것처럼 자연스러운 일이다.

아이의 흥미에 나만의 이름을 붙이기

그저 눈에 보이던 것들을 특별하게 만드는 방법이 있다. 바로 나만의 의미를 부여하는 것이다. 이내 바람에 날아가 버릴 것을 알지만 그럼에도 불구하고 하얀색 홀씨를 단단히 붙들고 있는 민들레에게 '인내'와 같은 단어를 붙여주면 어떨까? 이렇게 의미를 부여하게 되면 거창한 무언가를 하지 않아도, 길가에 피어 있는 작은 민들레에도 위안을 받을 수 있다. 아이

223

의 흥미도 마찬가지다. 아이의 흥미에 나만의 이름을 붙이면, 곧 나만의 특별한 학문이 된다.

나의 경우는 아이의 흥미와 관심사에 '열쇠'라는 이름을 붙여주었다. 학습이 즐거운 일이 될 수 있다는 것을 깨닫게 해주는 도구가 되기 때문이다. 이처럼 아이가 가진 흥미를 어떻게 정의하느냐에 따라 중요도가 달라진다. 민들레에 '인내'라는 이름을 붙이며 위안을 얻을 수 있듯이, 아이의 흥미에도 '열쇠'라는 이름을 붙이며 학습을 여는 문으로 사용할 수 있다.

많은 부모가 집에서 내 아이 가르치는 일이 어렵다고 말한다. 오죽 어려우면 '친자인증'이라는 말까지 나왔다. 친자인증이란, 자기 아이를 가르치다 보면 가슴에서 울화가 치민다는 이야기다. 당연히 누군가를 가르치는 일은 어렵다. 그게 내 아이라면 더더욱 어렵다. 아이가 잘되길 바라는 엄마의 조급한 마음이 들어가기 때문이다. 내 아이를 생각하는 엄마의 마음은 잘못되지 않았다. 하지만 바로 이 조급한 마음 때문에 그냥 봐도 보이는 아이의 흥미를 있는 그대로 받아들이지 못하는 건 아닌지 돌아볼 필요가 있다. 아이의 학습 문제에 대해서도 아이가 가진 흥미를 수용하는 해냄 스위치를 켜야 한다. 이때부터 학습의 주도성이 자라나기 시작한다.

아이의 내재 동기가 바로 '열쇠'가 된다

아이의 흥미를 받아들이라는 말은, 아이가 가진 내재 동기의 힘을 믿으라는 말과 같다. 심리학에서 내재 동기란, 밖에서 오는 결과가 아닌 마음속 흥미나 호기심 같은 동기를 따르는 일을 말한다. 내재 동기의 강력한 지점은, 큰 보상을 받지 않아도 자신이 가진 흥미의 힘으로 하고자 하는 일을 끈기 있게 지속할 수 있다는 것이다.

내재 동기로 영웅이 된 영화 캐릭터 한 명을 예로 소개한다. 바로 〈쿵푸팬더〉의 '포'다. 포는 쿵후를 좋아하지만, 뚱뚱한 본인의 몸을 비하하며 용의 전사가 될 수 없다고 생각한다. 하지만 이러한 한계를 뛰어넘게 해주는 무기가 있었으니 바로 '만두'다. 포는 가장 좋아하는 만두를 이용하여 쿵후를 훈련하고, 결국 이 훈련법은 포만의 방식이 된다. 영화 속에나 존재하는 이야기일까? 그렇지 않다. 내재 동기가 중요하다는 건 이미 여러 실험을 통해 입증되었지만, 실제 기업의 사례 하나도 소개한다.

어느 날, 미국 캘리포니아의 남북을 가로지르는 국도에 흥미로운 광고판 몇 개가 설치됐다.

'{First 10-digit prime found in consecutive digits of e}.com'

225

많은 사람은 이 광고판을 그냥 지나쳤지만, '이게 뭘까?'라고 궁금해한 사람들은 문제를 풀었다. 답을 푼 사람은 곧이어 '7427466391.com'이라는 사이트 주소를 얻었고, '축하합니다(Congratulation)!'라는 문구와 함께 복잡한 두 번째 문제를 마주하게 되었다. 좌절하지 않고 끝까지 이 문제를 푼 사람은 어떻게 되었을까? 바로, 구글의 채용 사이트에 접속할 수 있었다. 아무런 보상이 주어지지 않았는데도 오로지 자신이 가진 흥미라는 내재 동기를 집요하게 따랐던 결과다.

아이들이 흥미를 느끼는 일에 함께 주목해주면, 아이가 하고 싶은 일을 찾아내는 특별한 길이 열린다. 자동차를 가지고 놀고 싶은 아이에게, 바르게 앉아서 수학 문제를 풀라고 말한다면 어떻게 될까? 당연히 따라오지 않는다. 비행기에 관심이 있는 아이에게 자리에 앉아서 알파벳을 외우라고 한다면? 당연히 거부할 것이다. 공룡 놀이에 빠진 아이에게 한글 문제집을 줘도 결과는 마찬가지다. 이때 우리는 '친자인증'이라는 늪에 빠진다. 엄마가 아이를 위해 애써 준비해놓은 많은 과정에 아이가 참여하지 않으면 울화가 치미는 늪이다. 이 늪은 아주 깊어서 한 번 들어가면 빠져나오기가 힘들다. 그러다 '내 자식은 역시 내가 가르치는 게 아니구나'라는 결론에 이르게 된다. 정말 문제인 것은 친자인증의 마음은 엄마만 느끼는 것이 아니라는 점이다. 아이 역시 '엄마는 내가 좋아하는 일엔 관심이 없구나' 하는 마음을 갖게 된다.

흥미를 인정해주면 수용되었다고 느끼는 아이들

아이의 흥미는 그냥 생기지 않는다. 아이의 기질, 성격, 환경 등 아이를 둘러싼 모든 것들이 복합적으로 조합되어 밖으로 표출되는 것이다. 아이의 흥미에 특별한 이름과 의미를 부여하는 일이 중요한 이유는, 그것이야말로 아이가 가진 진짜 모습을 받아들이고 인정하는 일이기 때문이다. 이를 통해 아이를 진정으로 돕는 방법을 생각하고 연구할 수 있게 된다.

엄마가 아이의 흥미에 함께 관심을 가지는 것만으로도 아이는 자신이 수용되었다고 느낀다. 자신의 존재가 엄마에게 받아들여지는 것에 위안받는다. 억지로 다른 것을 하지 않아도 '나는 나 자체만으로도 충분히 멋지구나'라는 메시지를 자연스레 느끼게 된다. 어릴 적부터 흥미가 수용된 경험이 쌓인 아이는, 자신 안의 흥미를 탐색하며 자신만의 길을 찾아 나간다. 그러다 광고판에 적힌 숫자를 보고도 그냥 지나치지 않는 힘을 얻게 되는 것이다.

아이의 흥미라는 열쇠를 이용하여 학습의 문을 열면, 아이에겐 학습이 말 그대로 즐거운 일이 된다. 배우고 익히는 것에 긍정적이고 즐거운 경험이 쌓인 아이는 그 안에서 자신만의

227

학습 이유를 찾을 수 있다. 이를 통해 배움에 관심을 가지고, 지속하는 힘을 이어가게 된다. 아이의 흥미에 이름을 붙이는 건 오직 부모만이 할 수 있는 일이다. 그 누구도 대신 해줄 수 없기에 특별하고 값지다. 자세히 보지 않아도 보이는 것을 놓치지 말자. 그 도화선으로 말미암아 찬란하게 불타오르는 배움의 현장을 놓치지 않길 소망한다. 아이가 흥미를 느끼는 일상적이고 자연스러운 모든 곳에 학습의 비법이 숨어 있다. 4장에서는 아이가 흥미를 느끼는 내재 동기를 이용한 구체적인 학습 방법을 소개하고자 한다. 부모의 조급함을 끄고 아이의 내적 동기를 자극해 능동적 학습성을 끌어올리는 해냄 스위치 학습법이다.

놀이터가 노역이 아닌 기회가 되는 방법

하원 후 놀이터는 아이들에게 참새가 방앗간을 찾는 일처럼 자연스럽고 본능적인 장소다. 아이들은 본능적으로 꿈틀거리는 에너지를 밖으로 표현하고 싶어 하고 이러한 에너지는 성장의 필수요소다. 놀이터가 크든 작든 상관없이 아이들은 미끄럼틀 하나만 덩그러니 있어도 30분을 땀 흘리며 놀 수 있다. 오죽하면 엄마들 사이에 '놀이터 아이템'도 생겼다. 일명 놀이터 노역룩이다. 꾸미지 않은 듯 무심히 꾸며서 입은 꾸안꾸룩, 따가운 햇살을 가릴 챙 넓은 모자, 언제든 땀을 식힐 수 있는 손 선풍기 등이 그것이다. 이런 아이템들이 유행한다는

229

뜻은, 그만큼 아이들이 놀이터에 자주 가고 오래 머문다는 뜻이다.

"나 오늘도 놀이터 노역 2시간째야."

"오늘도 놀이터 노역하러 가야지."

엄마들 사이에서 암호처럼 쓰는 '노역'이라는 말은 사전적 의미로 '고용인에 의하여 일방적으로 혹사를 당하는 일'이라는 뜻이다. 아이라는 무자비한 고용인을 만나 일방적으로 놀이터에서 1~2시간씩 혹사당하는 엄마들의 마음을 대변한 말이다. 고용인은 날씨가 덥거나 춥다고 놀이터에서 노는 시간을 결코 줄여주지 않는다.

그렇다면 아이가 좋아하는 놀이터에서 엄마만이 할 수 있는 일을 찾아보면 어떨까? 노역이 아닌 내가 선택한 노동을 한다고 생각해보는 것이다. 남이 일방적으로 강요해서 하는 일과, 내가 선택해서 하는 일을 대할 때에는 마음가짐부터가 달라진다. 놀이터가 아이들에게도 마음껏 뛸 수 있는 즐거운 곳이 되고, 엄마에게도 아이들과 배움이 일어나는 기회의 공간이라고 생각해보자. 놀이터가 기회의 공간이 되는 순간, 그동안 보이지 않았던 것들이 눈앞에 펼쳐진다. 아이들과 글자를 익히기에 이만큼 좋은 곳이 없기 때문이다.

이렇게 몸으로 익히는 공부를 암묵적 학습이라 부른다. 암묵적 학습이란, 아이들이 경험과 놀이를 통해 무의식적으로 배우는 방식을 의미한다. 유아기에는 학습을 위한 공간에서 의식적으로 배우는 것보다 아이의 동기를 활용해 암묵적으로 학습하는 방식이 무척 효과적으로 작용한다.

놀이터는 글자 익히기에 '제격'

나는 아이들과 놀이터에 갈 때마다 글자를 익히는 좋은 기회라고 생각했다. 아이는 아이대로 놀이터에서 실컷 놀고, 나는 나대로 그 공간을 '한글 습득'의 기회로 이용했다. 놀이터에서 글자를 익힐 때 필요한 준비물은 딱 하나다. 놀이터에 가기 전에 아이들이 스스로 이름을 적거나, 이름 스티커를 붙인 지퍼백 하나를 준비한다. 그리고 놀이터에서 실컷 놀고 난 뒤 놀이터 주변의 자연물들을 지퍼백에 담아온다.

계절마다 아이들이 주워 오는 자연물도 모두 다르다. 나뭇가지, 작은 돌멩이는 항상 기본으로 섞여 있지만 봄에는 유독 민들레가 많고, 가을에는 낙엽이 많다. 아이들과 놀이터 주변 곳곳의 자연물들을 집으로 가지고 온 다음에는 스케치북을 펼쳐놓고 그 위에 글자들을 만들었다. 가을 낙엽으로 만든 글자는 정말 근사하다. 자신들이 실컷 놀았던 공간에서 가지고 온, 애정과 마음이 가득 담긴 돌, 나뭇가지, 낙엽, 꽃 등으로 만드는 글자를 아이들은 도저히 싫어할 수 없다. 몸과 마음, 그

231

리고 손이 하나가 되어 한글이라는 세상을 받아들인다. 아이의 오감을 통해 한글을 익히는 것이다.

아이들이 아는 글자를 자연물로 만들어보거나, 아이가 헷갈려하는 글자를 함께 만들어보는 것도 좋은 방법이다. 만약 아이가 글자 만들기를 어려워한다면 엄마가 스케치북에 미리 글자를 써주고, 아이가 그 위에 자연물을 올리면서 글자를 완성하면 된다. 혹은 아이에게 쓰고 싶은 글자를 물어보고 엄마가 대신 써준 뒤에, 그걸 보고 따라서 만들어도 된다. 완성된 작품은 한동안 집안 곳곳에 자랑스럽게 전시해두자. 아이들은 오고 가며 눈으로 익히고 기뻐한다.

'놀이터 갈 때마다 하기엔 너무 부담스러운데.'

'집에 와서 해야 할 숙제도 많은데, 놀이터에서 시간을 너무 뺏기고 싶진 않은데.'

'한글 학습지 한 장 푸는 게 더 효과적일 것 같은데.'

혹시 마음속에서 이런 실랑이가 벌어지고 있다면, 엄마가 스스로 마음의 기준을 세우면 된다. 놀이터 다섯 번 중에 세 번만, 세 번도 어려울 것 같다면 한 번으로 기준을 낮춰보자. 한 번에 글자를 많이 만들 필요도 없고, 자연물로 만드는 글자는 한두 개면 충분하다. 중요한 건 놀이터가 아이만 좋고 엄마에게는 노동을 강요하는 장소가 아니라는 마음이다. 아이와 엄마 모두에게 좋은 장소가 되어야 한다. 아이와 엄마가 기꺼이 함께 가서, 함께할 수 있는 놀잇감을 집으로 들고 오는 시간이다.

놀이터는 환경 인쇄물 천국이다

놀이터에는 아무 준비물 없이 털래털래 몸만 가도 할 수 있는 정말 간단한 놀이가 있다. 바로 놀이터를 오며 가며 만나는 '환경 인쇄물'을 이용하는 방법이다. 환경 인쇄물이란 아이의 주변에서 의식적·무의식적으로 볼 수 있는 간판, 전단지, 도로표지판, 안내문, 과자봉지 등을 말한다.

환경 인쇄물이 한글학습에 좋은 이유는 아이의 환경과 밀접하게 연관되어 있기 때문이다. 그렇기에 흥미롭고 즐겁게 접근할 수 있다. 놀이터에 있는 안전 수칙 또한 아이에겐 친근한 환경 인쇄물이다. 또한, 아이와 놀고 난 뒤 먹는 아이스크림 가게의 아이스크림도 있다. 아이는 땀 흘리며 놀고 난 뒤에 먹는 아이스크림을 정말 좋아한다. 특히 맛있게 먹었던 아이스크림 봉지는 아이의 손과 마음에 기억된다. 최근에 아이가 맛있게 먹은 아이스크림이 하나가 있는데 이름이 '뽕따'다. 뽕따를 그냥 인쇄된 글자로 만났다면 무의미했겠지만, 즐거운 놀이 후 만난 뽕따는 아이에게 색다른 의미로 다가온다. 아이는 뽕따로 익힌 글자를 일상에서 다시 만난다. '뽕나무', '따뜻

233

하다' 등의 글자를 만났을 때 아이는 뽕따 봉지에서 본 글자를 자연스레 떠올리게 된다.

환경 인쇄물을 이용하는 또 다른 방법이 있다. 아이와 함께 주변에 있는 글자를 적극적으로 찾아보는 놀이 방법이다. 이 놀이는 아이가 글자를 알고 있는 수준과 상관없이 언제든 할 수 있는 방법이다. '아'를 알고 있는 아이라면, 놀이터를 오가는 길가에서 '아'가 들어가 있는 환경 인쇄물을 찾아보면 된다. 간판에서 찾을 수도 있고, 잠깐 들린 가게에서도 찾을 수 있다. 그런데 아이들은 신기하게도 인쇄된 글자에서만 '아'를 찾지 않는다. 바닥에 놓여 있는 나뭇가지의 모양에서, 나무에 힘차게 매달려 있는 줄기의 모양에서도 '아'를 찾아낸다. 아이와 매일 글자 하나씩을 정해서 놀이터를 오가는 길에 찾아보면 어떨까? 아이는 우리가 생각지도 못한 곳에서 글자를 찾아낸다.

글자를 유심히 볼수록 아이는 특별해진다

이처럼 한글이라는 글자를 익히는 과정이 조금은 색달랐으면 한다. 왜냐하면, 아이들이 한글을 받아들이는 방식이 어른과는 다르기 때문이다. 아이들은 좋아하는 아이스크림 껍질에서, 맛있게 먹은 과자봉지에서, 미끄럼틀 위에 놓여 있는 돌맹이와 나뭇잎에서, 움직이는 그네에서, 나무와 꽃들 사이에서 글자를 만난다.

아이들은 자신을 둘러싼 익숙한 동네의 풍경 속에서 글자를 만나면서, 자신의 세상을 특별하고 견고하게 만들어 나간다. 이렇게 글자를 만난 아이들은 세상을 사뭇 다르게 볼 수 있는 눈을 가지게 된다. 자신의 주변에 의미를 더함으로써 아이에게 그곳은 특별한 공간이 되는 것이다. 재밌고, 배움이 함께 일어나는 공간이 된다.

아이에게 세상은 발견하지 못한 즐거움이 가득한 곳이라는 걸 알게 해주는 통로가 글자가 되면 좋겠다. 그로 인해 아이는 주변을 조금 더 자세하게, 마음을 기울여 보는 연습을 하게 된다. 세상의 모든 궁금증은 사물을 자세히 보고자 하는 마음에서부터 비롯되었다. 그것이 사람들을 도와주는 기술이 되고, 철학이 되고, 학문이 된다. 놀이터가 노역이 아닌 기회가 될 때, 아이는 엄마와의 추억, 친근한 글자, 세상을 유심히 보는 눈을 덤으로 얻을 수 있다.

235

읽기 싫어하는 아이를 위한 맛있는 한글

'이제 읽으려나?'

아이가 글자를 조금씩 배우기 시작하면 엄마 마음에는 이처럼 감출 수 없는 기대감이 피어오른다.

한글을 배우는 이유는 잘 읽기 위해서이다. 잘 읽을 수 있다는 건, 눈으로만 읽는 것이 아닌 읽으면서 뜻을 파악하는 것을 말한다. 하지만 한글의 소리와 문자를 모두 익혔더라도, 잘 읽게 되기까지는 많은 연습이 필요하다. 한글만 떼면 그다음부턴 술술 읽기도 진행될 것 같지만 그렇지 않다. 한글 떼기라는 작은 산을 넘으면, 읽기라는 더 큰 산이 기다리고 있다. 글

해냄 스위치를 켜면 혼자서도 잘하는 아이가 됩니다

자를 배우고 자연스럽게 읽기로 넘어가는 아이들도 있지만, 글자를 안다고 해도 자연스럽게 읽지 못하는 아이들도 있다. 하준이도 후자에 속했다. 글자를 즐겁게 익혔지만 읽는 것은 유독 싫어했다. 이럴 때 내 아이의 성향을 잘 관찰해야 한다.

'왜 읽는 걸 싫어할까?'

하준이가 읽기를 싫어하는 이유를 살펴보니, 아이의 성향과 관련이 있었다. 매사에 조심성이 많고, 자신의 기준에 안전한 것을 가장 큰 가치로 삼는 아이였다. 그렇기에 글자 역시 본인이 전부 다 알지 못하는 상태에서 섣불리 읽지 못했다. 그래서 나는 흥미라는 열쇠를 이용하여 아이 마음의 불안을 낮출 수 있는 생활 밀접한 읽기 재료를 찾기 시작했다.

유치원 급식 표와 간식 표는 읽기 재료가 된다

아이의 흥미를 단번에 끌 수 있고, 읽기를 싫어하더라도 관심을 보이는 아주 좋은 '읽기 재료'가 있다. 바로 아이가 다니는 기관의 한 달 급식 표와 간식 표다. 아이들이 기관을 다니는 큰 즐거움 중의 하나가 바로 음식이다. 밥을 잘 먹지 않는 아이더라도 기관에서 매일 어떤 음식이 나올지에 대해서는 관심을 보인다. 생활의 큰 부분을 차지하는 정보이기 때문이다. 급식 표와 간식 표는 유의미하고, 생활과 밀접한 읽기 재

237

료인데다가 심지어 손쉽게 구할 수 있다.

기관에서는 매달 마지막 주쯤 다음 달 급식 표와 간식 표를 보내준다. 그걸 출력해서 아이들이 오며 가며 볼 수 있는 주방 벽 쪽에 포켓 패드를 활용하여 아이들 눈높이에 전시해두었다. 포켓 패드는 A4 용지 프린트를 벽 어디든 부착할 수 있는 패드다. 급식 표나 간식 표뿐만이 아니라 그 주의 유치원 놀이계획 등을 출력해서 패드에 넣어두면 깔끔하게 정리할 수 있다.

아이들과 저녁 시간이 되면 급식 표와 간식 표를 들고 옹기종기 모였다.

4월 5일, 수요일 : 쌀밥, 짜장면, 단무지, 수제탕수육, 깍두기, 탕수육 소스, 요구르트'

방과 후 간식 : 백설기, 파스퇴르 아이 생각 유기농 주스 사과 배'

급식 표와 간식 표만 보더라도 알 수 있겠지만 생각보다 유창하게 읽기 쉽지 않다. 하지만 아이는 읽고자 노력한다. 문제집, 학습지에서 읽어야 하는 글자와는 다르게 급식 표와 간식 표에 있는 글자는 아이의 생활과 밀착되어 있기 때문이다. 메뉴를 미리 알고 가면 친구들에게 알려줄 수도 있고, 자신이 좋아하는 메뉴가 있는 날도 확인할 수 있으니, 아이에게도 여러

	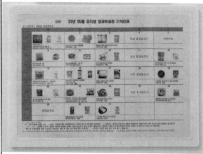
포켓 패드에 넣어둔 유치원 급식 표	포켓 패드에 넣어둔 유치원 간식 표

주방 정수기 뒤쪽에 급식 표와 간식 표를 붙여두었다. 아이들은 정수기에 물을 마시러 왔다가 벽에 붙어 있는 표를 보고 간다. 소리 내어 읽을 때도 있고 눈으로 빠르게 보고 갈 때도 있다. 생활 속에서 아이들의 흥미를 끌 수 있는 자연스러운 한글 노출법이다.

장점이 있다.

"엄마, 오늘 친구들한테 방과 후 간식 뭐 나오는지 미리 알려줬는데 다들 진짜 좋아했어."

"나도 백설기 좋아하는데, 백설기 좋아하는 애들이 많더라고! 백설기 좋아하는 애들이랑 같이 박수 쳤어!"

아이들의 세계는 단순하기에 아름답다. 백설기가 나온다고

4장. 모든 아이는 능동적 학습자가 될 수 있다

다 같이 박수 치며 좋아할 수 있는 시기다. 종이접기를 가장 잘하지 않아도, 글씨를 또박또박 쓰지 않아도, 달리기가 빠르지 않아도 백설기를 말하는 것만으로도 서로에게 충분할 때다. 혹은 친구들에게 말하지 않더라도, 미리 알고 있는 메뉴가 실제 나왔을 때의 기쁨과 성취감을 느낄 수 있다. 메뉴를 매번 통보받는 것과 아이가 미리 알고 있는 것엔 큰 차이가 있다. 여기에도 '선택'이라는 능동성이 들어간다. 이렇게 유치원에서 긍정적인 경험을 쌓고 오면, 매일 저녁 급식 표와 간식 표를 더욱 진지하게 읽게 된다.

급식 표와 간식 표에서 읽기에 대한 힌트 찾기

급식 표와 간식 표를 읽다 보면 아이가 유독 읽기 어려워하는 글자가 보인다. 이런 글자들 때문에 아이의 마음속 경계심이 높아졌던 것이다. '이건 잘 모르는데'라는 마음에 선뜻 시작하지 못한 글자들을 놓치지 않고 관찰하면 된다. 하준이는 '쌀밥'처럼 받침 'ㄹ'이 들어가는 글자와 '파스퇴르'처럼 'ㅚ'가 들어가는 글자를 어려워했다. 이처럼 아이가 어렵다고 신호를 보낸 글자만 따로 가져와 공부하도록 도와줬다.

급식 표와 간식 표에 나온 글자를 그대로 써보기도 하고, 한글 학습지 중 해당 부분만 가져와서 여러 번 읽으며 함께 연습했다. 급식 표나 간식 표를 이용하면 좋은 점은, 연습한 글자를 다음날에 다른 형태로 다시 한번 연습해볼 기회가 있다는 것이다. 어제는 읽기 어려웠는데, 오늘은 읽을 수 있는 경험이 쌓이며 아이는 읽기에 대한 자신감을 얻게 된다.

생각보다 아이가 읽기 어려워하는 글자가 많을 수 있다. 이때 한꺼번에 다 익히려는 마음을 잠시 내려놓자. 오늘 세 개를 익히기로 계획했다면, 더 못 익힌 글자가 있더라도 다음 날로 미룰 수 있는 엄마의 여유도 필요하다. 이처럼 엄마와 아이가 흥미를 유지하며 읽을 수 있는 부담 없는 기준을 정해야 한다. 아이도 자신의 생활과 밀접하고 도움이 되는 일이기에, 엄마와 정한 만큼은 연습할 수 있는 조절력을 발휘하게 된다.

학습에서 나아가 추억을 쌓는 과정

급식 표와 간식 표를 읽기 재료로 사용하면 아이들과의 대화도 더욱 풍성하고 즐거워진다. 아이가 '명엽채 볶음이 뭐야?'라고 묻는 날이 있었다. 집에서 내가 해주지 않아서 아이가 먹어보지 못한 메뉴였다. 혹은 먹어봤더라도 반찬의 정확한 이름을 모르기도 한다. 아이가 궁금해하는 재료가 있는 날엔 유치원에 가서 먹어보고 맛이 어땠는지 꼭 알려달라고 한다. 명엽채 볶음을 먹어본 그날, 아이에게 물었다.

241

"명엽채 볶음이 뭐였어?"

"응. 쫀득하고 달달했는데, 입맛에 안 맞았어. 그게 뭐야?"

"명태라는 생선으로 만든 거야!"

"진짜? 생선이라고?"

'아이스 슈'가 나오던 날에는 이런 대화도 나눴다.

"엄마도 아이스 슈 좋아하는데, 하윤이랑 하준이 정말 좋겠다. 엄마도 먹고 싶어."

"엄마, 그러면 우리 급식실에 몰래 숨어서 들어와. 책상 밑에 있으면 내가 줄게."

아이들은 아이스 슈를 먹고 와서 빵 안에 크림이 있는데 달콤하고 폭신폭신했다고 말해주었다. 그리고 다음 날, 동네 빵집에 아이스 슈를 사러 갔다. 급식표로 인한 추억 하나가 더 생긴 날이었다. 아이들은 '아이스 슈'를 급식 표에서 읽는 날마다 "엄마가 좋아하는 간식이 있네!"라고 말해준다.

아이의 흥미와 생활이 만난 읽기 재료가, 엄마와 아이의 삶 속으로 들어올 때 읽기에 대한 아이의 흥미는 더욱 커진다. 그리고 그 흥미는 다른 읽기 재료로 자연스레 확장된다. 식당 메뉴, 간판, 그리고 아이가 좋아하는 책 한 권도 좋은 재료가 된다. 이렇게 추억이 켜켜이 담긴 읽기를 경험한 아이는, 자연스레 읽는 것을 좋아하는 아이로 성장하게 된다.

고마워, 포켓몬스터!

'어느 집 아이는 책만 읽어줬더니 한글을 벌써 다 뗐더라.'

'여섯 살인데 벌써 친구한테 편지를 쓰더라.'

'한글을 모르면 초등학교 가서 자존감이 떨어진다더라.'

엄마들이 모이면 꼭 하게 되는 대화들이다. 문제는 이런 이야기를 들을 때마다 우리의 마음이 조급해진다는 것이다. 마음이 다급해지면 서둘러 한글 학습지를 시작하거나, 한글 보습 학원을 알아본다. 아이는 이러한 방법을 통해 결국 글을 읽게 될지 모르겠지만, 한글에 대한 즐거운 추억을 얻지 못할 확률이 높다.

243

한글을 읽고 쓰는 데 특별한 추억을 만드는 일이 뭐가 대수 겠냐고 말할 수도 있지만, 나는 아이가 세상을 인식하고 느낀 것을 문자로 배울 때만 알 수 있는 빛나는 순간이 있다고 생각했다. 그래서 나는 아이가 다섯 살부터 한글 노출을 시작했다. 아이를 채근하지 않고 적어도 3년간은 충분히 한글에 노출하며 아이가 알고 싶어 하는 때에 학습할 수 있도록 하기 위해서였다.

놀이터에서 오며 가며 찾은 글자와 급식 표·간식 표에서 만난 친근한 읽기는 어느 순간 아이가 가장 좋아하는 주제를 만나 폭발적인 시너지를 얻게 된다. 아이가 한글을 본격적으로 알고 싶어 하는 적기의 순간이 온 것이다. 우리 아이의 시너지는 바로 '포켓몬스터'를 만났을 때 일어났다.

때마침 만난 포켓몬스터

초등학교 시절, 학교를 마치고 돌아오는 길에 집 앞 작은 마트에서 500원으로 사 먹던 포켓몬 빵이 기억난다. 나는 로켓단 그림이 그려진 두 개의 초코맛 롤빵을 가장 좋아했다. 그런데 신기하게도 무려 25년이 지난 오늘, 아이들과 함께 포켓몬스터 빵을 만나게 되었다.

하준이가 여섯 살 때, 설레는 표정으로 집으로 뭔가를 들고 왔다. 친구들이 하나 줬다고 눈을 반짝이며 말하는 아이의 손을 들여다보니 포켓몬 카드 한 장이 쥐어져 있었다. 그 후로도 하준이는 친구들이 유치원에서 주는 카드를 한 장, 한 장 소중하게 집으로 가지고 왔다. 포켓몬스터와의 첫 만남이었다.

유치원 친구들 사이에서 포켓몬스터는 이미 인기 캐릭터였기 때문에, 아이들은 포켓몬스터 캐릭터와 카드에 대한 이야기를 하루 종일 나누는 듯했다. 하준이는 친구들 어깨 너머로 캐릭터에 관한 정보를 하나씩 귀에 담았다. 그러던 어느 날 말했다.

"엄마, 나도 포켓몬스터를 잘 알고 싶어."

나는 드디어 때가 왔다고 생각했다. 아이 안에 흥미가 가득 차올라서 찰랑이고 있었다. 이제 열쇠로 그 문을 열기만 하면 되었다. 좋아하는 걸 잘 알고 싶어지는 때만큼 적절한 교육의 시기는 없다. 이때 중요한 것이 장비를 이용하는 것이다. 아이의 한글 교육에는 장비빨이 필요하다.

가장 좋은 장비는 바로 '책'이다. 아이의 말을 듣고 곧장 서점으로 향했다. 서점에서 포켓몬스터 도감 중 하나를 사기로 약속했다. 아이는 서점에 있는 도감을 요리조리 신중하게 살펴보고, 하나를 선택했다. 집에 오는 내내, 집에 돌아와서도 아이는 포켓몬 도감에 푹 빠졌다. 책이 찢어져서 너덜너덜해질 때까지 보고 또 보았다. 도감 하나를 다 읽고 나선, 여태껏 모은 용돈으로 도감 한 권을 더 샀다. 새로 산 도감 역시 귀퉁이가 닳아 없어질 때까지 읽고 또 읽었다.

이제 다음으로 엄마가 해줄 일은 아이가 좋아하는 것을 더 좋아하게 할 수 있도록 장비를 검색하는 일이다. 포켓몬 관련 콘텐츠를 꼼꼼하게 검색했다.

포켓몬 한글과 관련된 것들을 검색하여《포켓몬 한글 카드 100》,《포켓몬 한글 쓰기 100일 마스터》,《포켓몬 한글 쓰기 100일 퀴즈왕》,《포켓몬 낱말 100일 마스터》등을 구매했다. 그리고 포켓몬과 관련된 보드게임들도 검색해〈포켓몬 종치기〉,〈포켓몬 사다리 게임〉,〈포켓몬스터 알까기〉,〈포켓몬스터 트레이닝〉등을 차례차례 구매했다.

아이의 흥미에 맞는 장비를 검색하고 구매하더라도 어떻게 활용하면 좋을지 막막할 수 있다. 아이의 넘치는 흥미와 궁금증, 그리고 장비를 이용하여 한글을 익힐 수 있는 다섯 가지 놀이를 소개한다.

포켓몬스터로 할 수 있는 한글 놀이 다섯 가지

▶▶ 1. 벽보 이용하기 ◀◀

자주 볼수록 눈에 익고, 눈에 익을수록 쉽게 읽을 수 있다. 그게 좋아하는 것이라면 아이는 더 집중할 수 있다. 아이가 좋아하는 주제가 생겼다면, 그 주제와 관련된 한글 카드를 벽에 걸어두고 아이가 오며 가며 자주 볼 수 있도록 환경을 조성해보자. 인터넷에 '아빠 차트'를 치면, 벽에 붙일 수 있는 다양한 사이즈의 벽보 상품이 나온다. 가격은 2만 원 안팎이다. 우리 집은《포켓몬 한글 카드 100》에 있는 한글 카드를 걸어두었다. 아이가 목표하는 글자가 있다면 그 글자가 들어간 포켓몬 카드를 넣어두면 된다. 예를 들어, 'ㄲ'을 익히는 단계라면 꼬부기 카드를 넣어두는 것이다. 아이들은 오며 가며 벽에 붙은 카드를 뽑고 들추며 논다.

<h2>▶▶ 2. 글자 찾기 놀이 ◀◀</h2>

《포켓몬스터 한글 카드 100》 장비를 이용한 놀이다. 포켓몬스터 카드 한 장에 앞면과 뒷면이 있다. 앞면에는 포켓몬 캐릭터와 캐릭터의 첫 글자가 들어간 글자가 있다. 예를 들어, 마자용이면 마자용 그림과 '마'가 쓰여 있다. 뒷면에는 포켓몬의 특징, 진화 과정, 캐릭터가 그려져 있다. 이 방법은 카드 앞장을 이용하여 글자를 찾는 놀이다. 바닥에 카드의 앞면을 다섯 개 깔아둔다. 엄마가 '마'라고 부르면 아이는 '마'가 들어간 글자 카드를 찾아오는 놀이다. 엄마가 모든 글자를 불러주어도 좋고, 아이와 엄마가 순서대로 돌아가면서 해도 좋다. 마지막에는 아이가 글자를 부르면 엄마가 찾는 단계로 나아가보

자. 다섯 장의 카드가 익숙해지면 일곱 장, 열 장, 열다섯 장씩
서서히 늘려나가면 된다.

▶▶ 3. 나도 포켓몬 트레이너 ◀◀

아이들이 포켓몬스터를 좋아하는 이유 중 하나는, 다양한
포켓몬이 가진 특성으로 트레이너끼리 배틀을 하기 때문이
다. 아이와 함께 각자 트레이너가 되어 배틀할 수 있는 놀이가
있다. 글자 찾기 때《포켓몬스터 한글 카드 100》의 앞면을 이
용했다면 이번엔 뒷면을 이용한 놀이다. 카드 앞면을 통해 기
본 글자를 충분히 익힌 후, 다음 단계에 하면 좋은 놀이다.

우선 바닥에 포켓몬 한글 카드를 여러 장 깔아둔 뒤에 주사
위를 카드 위로 던진다. 주사위가 아니더라도 작지만, 무게감
이 있어 던져서 카드 위로 떨어질 수 있는 것이라면 무엇이든
좋다. 주사위가 떨어진 카드가 자신의 것이 된다. 참여하는 인
원에 따라 카드를 늘리거나 줄일 수 있다. 각자 주사위를 던져
카드를 가져온 뒤, 배틀을 진행한다. 이 카드의 뒷면을 살펴보
면 포켓몬의 타입, 특성, 공격 방법 등이 적혀 있다. 그걸 읽고
서로에게 말로 공격하는 것이 배틀의 핵심이다.

예를 들어, "피카추는 꼬리에서 전기가 나와. 전기 공격을
한다!"라고 말하면 다음 차례의 트레이너가 자신의 카드를 읽
고 공격을 막으면 된다. "파이리는 불꽃 타입이야. 불꽃 화염

으로 전기를 막을 수 있지!" 아이들은 30분 넘게 이마에 땀이 송골송골 맺힐 정도로 포켓몬 트레이너 놀이에 적극적으로 임한다.

▶▶ 4. 포켓몬스터 퀴즈 ◀◀

포켓몬 장비 중 하나인 도감 책을 이용하여 자투리 시간에 할 수 있는 놀이다. 아이와 차로 이동하는 동안, 병원 진료를 기다리는 동안 진행할 수 있다. 엄마와 아이가 번갈아가며 도감을 보고 포켓몬 퀴즈를 낸다. "나는요. 물 타입이에요. 꼬리 흔들기, 물 대포, 껍질에 숨기와 같은 기술이 있어요."라고 퀴즈를 내면 "꼬부기" 하고 맞추는 놀이다. 아이가 자연스럽고 적극적으로 읽기에 참여하게 된다. 자투리 시간이 생길 것 같을 때 도감 책을 미리 가방에 챙겨 넣고 다니길 추천한다.

▶▶ 5. 포켓몬스터 보드게임 설명서 읽기 ◀◀

앞서 7:3 법칙, 무조건 하게 되는 계획표에서 말했던 것처럼 우리집 아이들은 보드게임을 하루에 30분 이상씩 꼭 하고 있다. 아이는 포켓몬스터에 대한 흥미가 높기에, 포켓몬스터와 관련된 보드게임도 무척 즐겁게 임했다. 보드게임 뚜껑을 열면 항상 설명서가 함께 들어 있다. 이 설명서를 엄마가 대신 읽어주는 것이 아니라 아이와 함께 읽어보길 추천한다. 엄마

249

와 아이가 돌아가면서 읽어도 좋다. 그리고 〈포켓몬스터 트레이닝〉 보드게임에는 액션 카드가 들어 있다. 액션 카드에 적혀 있는 글을 읽어야 다음 단계로 나아가거나 미션을 완료할 수 있다. 이 미션 카드도 아이가 스스로 읽을 수 있게 기회를 주자. 아이는 보드게임에 즐겁게 참여하기 위해서라도 최선을 다해 읽으려고 한다.

다섯 가지 놀이를 아이는 어려워할까? 그렇지 않다. 아이는 한글을 기꺼이 읽고 싶어 한다. 읽어야지만 더 잘 알 수 있고, 더 즐겁게 놀이를 할 수 있기 때문이다. 아이는 이러한 놀이를 통해 한글을 알아가는 것이 자신이 좋아하는 것을 더 좋아할 수 있는 도구 중 하나라고 인식했다. 이러한 놀이 뒤에는 아이에게 자음과 모음의 의미, 한글 조합 방법, 쓰는 순서, 쓰는 방법 등에 관해 설명해주었다. 아이는 누구보다 집중했다. 당연히 알아야 하는 것이라고 본인도 생각하기 때문이다. 이는 포켓몬스터에만 해당되는 것이 아니다. 아이가 좋아하는 주제가 있다면, 위 다섯 가지 놀이 방법을 이용하여 장비를 검색해서 적용하면 된다.

나는 이렇게 한글을 아는 결과가 아닌 한글을 알게 되기까지의 과정을 아이와 추억으로 쌓았다. 한글을 빨리 익히는 방법이 물론 많겠지만, 그것이 아이와 나에게 좋은 추억으로 쌓이게 되는 건지를 먼저 생각하고 싶었다. 그래서 나는 이런 다양한 장비를 마련해준 포켓몬스터에게 고맙다. 나의 어릴 적에 만났던 캐릭터를 아이도 지금 함께 나눌 수 있다는 것에, 그 덕으로 아이와 내가 함께 누리고 있는 추억이라는 큰 선물을 받을 수 있다는 것에 감사하다.

4장. 모든 아이는 능동적 학습자가 될 수 있다

해냄 스위치 부록

포켓몬스터 한글 장비와 활용법

[포켓몬스터 한글 카드 100] 장비 활용법

글자 찾기 놀이 [앞면]	나도 포켓몬 트레이너 [뒷면]

한글 장비

《포켓몬 한글 카드 100》	《포켓몬 한글 쓰기 100일 마스터》	《포켓몬 한글 쓰기 100일 퀴즈왕》	《포켓몬 낱말 100일 마스터》	〈아빠 차트〉

해냄 스위치를 켜면 혼자서도 잘하는 아이가 됩니다

보드게임 장비				
〈포켓몬 종치기〉	〈포켓몬 사다리게임〉	〈포켓몬 메모리게임〉	〈포켓몬 알까기〉	〈포켓몬스터 트레이닝〉

강력 추천! 엄마표 한글 영상 및 교재

학급에서 매년 한글 교육을 진행하며 다양한 한글 교구 및 교육프로그램을 사용해보았다. 그중에서도 가장 좋았던 프로그램 하나를 꼽으라면 바로 '찬찬 한글'이다.

찬찬 한글은 경상북도 교육청과 한국교육과정평가원에서 만든 교육적인 영상이다. 이 영상을 추천하는 이유는 무료 '한글 진단 교구'를 이용하여 아이들의 한글 수준을 파악하여 부족한 단원부터 학습할 수 있고, 한글 소리와 발음을 명확하게 전달하기 때문이다. 이러한 코칭들이 '찬찬한글 교사용 지도서'에 모두 잘 표현되어 있다. 엄마표로 한글을 학습하며 "이 방법이 맞을까?"라는 의구심이 들 때, 지도서를 참고하면 올바른 진행 방법에 대한 좋은 팁들을 얻을 수 있다.

4장. 모든 아이는 능동적 학습자가 될 수 있다

무료 한글 교재	무료 유튜브 채널
1. 찬찬 한글 교사용 지도서 2. 찬찬 한글 진단 도구 3. 찬찬 한글 학생용 교재 '기초학력향상지원사이트 꾸꾸' 사이트 에서 '찬찬한글'을 검색해보자. 위 세 가지 교재를 모두 무료로 다운로드 가능하다.	인천광역시교육청 채널에서 '우리 아이 한글 공부-찬찬한글 시리즈' 를 아이 수준에 맞게 단계별로 무료로 시청할 수 있다.

해냄 스위치를 켜면 혼자서도 잘하는 아이가 됩니다

잉글리시(english)라 쓰고 이모션(Emotion)이라 읽는다

지속가능한 영어 프로젝트

5년 전, 엄마표 영어를 처음 시작할 때만 해도 주변의 엄마들은 "그게 뭐야?"라고 되물었다. 이제는 엄마표 영어를 하지는 않더라도 그게 무엇인지 대부분의 엄마들이 안다. 영어 유치원(유아 영어 학원)의 인기가 늘어난 이유이기도 하다. 가정에서 해줄 수 없다면, 유치원에서라도 엄마표 영어를 하는 환경처럼 만들어주고 싶은 욕구가 늘어난 것이다. 엄마표 영어, 영어 유치원, 유명 영어 학원 등 어떤 선택을 했던 엄마들의 마음 안에 있는 단 하나의 바람은 '우리 아이가 영어를 잘했으면 좋겠다'는 것이다. 우리는 이 강력한 바람 때문에 아이 영어에

255

대한 모든 선택을 기꺼이 감수한다.

엄마들은 영어가 삶에 얼마나 중요한 영향력을 미치는지 이미 몸소 느꼈다. 10년 이상을 배워도 여행 가서 한마디도 할 수 없는 좌절감, 취업을 준비하며 느낀 영어라는 높고 막막한 벽, 영어 때문에 놓친 숱한 기회의 안타까움을 경험했다. 나를 비롯하여 많은 엄마가 한 번쯤은 느낀 공통된 감정일 것이다.

이 경험 덕분에 내 아이만큼은 그러지 않기를 바라는 마음이 더욱 커졌다. 내 아이는 세계 어디든 자유롭게 여행하기를, 원하는 직업의 폭이 넓어지기를, 공부할 때 조금은 덜 고생하기를 바란다. 하지만 영어가 삶의 큰 부분을 차지하는 중요한 요소라는 걸, 아이들은 어떻게 알 수 있을까? 겪어보지 않은 아이들에게 이 당위성을 어찌 알려줄 수 있을까?

아이들에겐 즐거움이 당위성이다

'영어를 왜 공부해야 하는지' 아이가 직접 느끼지 못하는 이상, 엄마가 영어가 아무리 중요하다고 말한들 아이의 마음에는 와닿지 않는다. 그래서인지 엄마표 영어는 성공보다 실패담이 많고, 아이들이 영어 학원을 오래 다니더라도 쉽게 실력이 늘지는 않는다. 우리가 건강이 중요하다고 온갖 매체를 통해 보고 듣지만, 당장 관리가 어려운 이유와 같다. '운동은 내일부터'라는 말이 괜히 생긴 것이 아니다. 몸이 아프고 나서야 건강의 중요성을 뼈저리게 느끼게 되는 것처럼, 아이들도 당장 영어가 필요한 긴박한 상황이 되어서야 그 중요성을 깨닫게 된다. 아이들이 이런 뼈아픈 경험을 하기 전에, 영유아시기에 영어에 대한 당위성을 느끼게 할 방법이 없을까?

아이들의 세계는 재밌는 것과 재미없는 것으로 나뉜다. 이 단순한 세계에서 아이들에게 당위성이란 바로 '재미'다. 아이들은 재미를 느껴야 지속할 수 있다. 재미가 없으면 결코 오래 하지 못한다. 설령 하더라도 엄마가 하라고 하니까, 큰 목적 없이 그냥 하게 된다. 그래서 아이들일수록 영어에 대한 정서가 중요하다. 잉글리시(english)라고 쓰지만, 이모션(감정, emotion)으로 읽어야 하는 이유다. 이모션이라는 글자를 엄마 마음에 한 글자 한 글자 새길수록, 아이의 재미를 끌 수 있는 요소들을 찾게 된다. 아이가 지닌 흥미라는 열쇠를 이용하게 되는 것이다.

스페인의 언어학자인 리스킨 가스파로(Liskin Gasparo) 교수는 오랜 연구 끝에, 외국어 습득을 위해서는 약 2,400시간 이상의 노출이 필요하다고 말했다. 부모가 이 시간을 온전히 채워준다고 한다면, 하루 3시간씩 꼬박 2년이 필요하다. 그보다 적은 하루 1시간을 쓴다고 하면 6년 정도가 걸린다. 이 과정

257

을 아이의 재미는 배제하고 엄마 혼자 끌고 간다고 생각해보면 어떨까? 우리가 왜 엄마표 영어에 실패하는지 알 수 있는 지점이다. 하기 싫은 아이와 해주고 싶은 엄마 사이의 줄다리기가 끊임없이 이어지기 때문이다. 엄마도 지치고 아이도 지치는 레이스다. 한글 영상만 보고 싶고 영어 영상은 재미없다고 하는 아이를 억지로 의자로 앉히는 실랑이를 꼬박 2년, 길게는 6년을 해야 하는 것이다.

친밀한 영어 정서가 지속가능한 영어 학습법을 만든다

4~7세는 세상을 오감으로 탐색하는 전조작기 시기다. 이 때의 아이들에게 오감을 통해 영어에 대한 긍정적인 정서를 심어주면, 그것이 결국 아이에게 영어를 계속 공부하고 싶은 지속성을 갖게 한다. 그것이 바로 아이들에겐 당위성이 된다. 이 당위성을 위해서는 세상을 마음껏 탐색하고자 하는 아이의 흥미를 이용해야 한다. 아이의 흥미를 높이기 위한 만능 병기가 하나 있다. 바로, 아이가 세상에서 가장 좋아하는, 오직 하나뿐인 '엄마'라는 우주를 활용하면 된다. '아이의 흥미'와 '아이가 가장 좋아하는 엄마'가 함께하면 어떤 엄마표가 앞에 붙어도 거센 파도를 유연하게 넘어갈 수 있다.

아이가 영어를 좋아하기 위해서는 결국 아이 안의 동기가

해냄 스위치를 켜면 혼자서도 잘하는 아이가 됩니다

이끌어줘야 한다. '시간을 내서' 영어 공부를 하는 아이와 '시간이 날 때' 영어 공부를 하는 아이의 결과가 같을 수 없다. 하루 중 여유 시간이 생겼을 때 영어 소설을 읽으며 쉴 수 있는 것, 좋아하는 영어책 음원을 들으면서 하루를 시작하는 것을 타인이 강요하지 않아도 내 안의 행복을 위해 선택하는 아이는 다르다. 영어를 도구가 아닌 '소통'으로 이해하는 아이다. 나는 아이에게 이런 선물 같은 감정을 느끼게 해주고 싶었다. 잘하는 것보다 좋아하는 것을 통해 느낄 수 있는 행복에 초점을 맞추고 싶었다. 영어를 익히는 일이 행복해야만 지속가능한 영어가 되리란 걸 믿었기 때문이다.

어릴 적부터 환경을 조성해주지 않으면, 우리나라에서 영어를 듣고 말할 기회는 거의 없다. 그래서 영어에 대한 긍정적 정서는 어릴 적 엄마와 함께 쌓는 것이 가장 효과적이다. 함께 영어 DVD를 고르고, 영어 그림책을 탐색하고, 목욕 시간에 좋아하는 노래를 틀어줄 수 있는 사람은 아이를 가장 가까이에서 관찰하는 엄마이기 때문이다. 이 시기에 아이의 마음 안에 친밀하게 쌓인 영어 정서가, 후에 아이가 자신만의 지속가능한 영어를 익히는 방법을 찾아 나갈 수 있도록 방향을 이끌어준다. 그렇다면 지속가능한 영어는 유아기에 어떤 방법으로 이어질 수 있을까?

나는 엄마라는 만능 병기와 열쇠라는 아이의 흥미를 이용하여 '영어 그림책', '영어 영상', '영어 놀이'라는 세 가지 지속 가능한 영어 프로젝트를 진행했다. 이 세 가지를 적절하게 활용하여 아이의 영어 정서를 저금하듯 쌓았다. 아이의 흥미를 수용하는 영어 프로젝트는 어떻게 진행하는 것일까? 해냄 스위치를 켠 우리집 영어 프로젝트를 소개하고자 한다.

▶▶ 영어 그림책 프로젝트 ① ◀◀
가장 중요하고 급한 일은 영어 그림책을 읽는 일

첫째는 12개월 때부터, 둘째는 태어날 때부터 영어 그림책을 하루도 빠짐없이 읽어주고 있다. 단 한 권이더라도 하루도 빠트린 적이 없다. 하루 30분, 1시간, 1시간 30분, 아이가 듣기를 원하는 만큼 쉼 없이 읽어주었다. 생각보다 쉬운 일은 아니다. 하지만 이 모든 것을 가능하게 하는 한 가지 마음가짐이 있다. 바로 영어 그림책을 '중요하고 급한 일'의 순위에 넣어두는 것이다.

《성공하는 사람의 7가지 습관》의 저자 스티븐 코비(Stephen Covey) 박사는 일의 등급을 '중요하고 급한 일', '중요하고 덜 급한 일', '덜 중요하고 급한 일', '덜 중요하고 덜 급한 일'이라는 네 가지 기준으로 분류했다. 우리는 보통 영어 그림책 읽기를 '덜 중요하고 덜 급한 일'의 순위에 둔다. 그렇게 되면 영어

260

그림책 읽기는 해야 하는 순위에서 항상 밀리게 된다. 영어 그림책 읽기를 지속하기 위해선 최소 '중요하고 덜 급한 일'에 장기적으로 넣어두어야 한다. 하지만 그보다 더 강한 마음을 갖기 위해서 나는 아이와 영어 그림책을 읽는 일은 항상 '중요하고 급한 일'이라고 생각했다.

영어 그림책을 통해 아이에게 영어의 즐거움을 전달하고 싶은 마음은 내게 무엇보다 중요하고 급한 일이었다. 그래서 아이가 읽기를 원하는 신호를 보이면 설거지를 하거나, 청소를 하거나, 빨래를 개다가도 바로 멈추고 아이를 무릎 위에 앉혀 책을 펴서 읽어주었다. 미처 마무리하지 못한 설거지가 찝찝해도, 가장 중요한 것이 무엇인지를 늘 나에게 물었다. 우선순위를 설정해두는 것이 내게는 큰 도움이 되었다. 가장 중요하고 급한 일이라는 마음 덕분에, 아이들이 그림책에 대해 호기심과 흥미를 잃지 않을 수 있었다.

국내든 해외든 여행을 갈 때도 작은 캐리어에 반드시 한글 그림책과 영어 그림책을 따로 담아서 들고 다녔다. 다른 짐을 줄이더라도 그림책이 들어갈 공간을 반드시 마련했다. 해외에 가면 그 지역에 있는 도서관이나 서점에도 꼭 방문해서 아이들에게 다양한 영어 그림책을 만날 기회를 주었다. 심지어 둘째 돌잔치를 앞둔 전날도 숙소에서 영어 그림책을 읽었다. 아이들의 삶에서 영어 그림책이라는 친구를 늘 곁에 두게 했다.

261

아빠의 미션: 아빠도 영어 그림책을 읽어주는 사람

이 영어 그림책 프로젝트에는 아빠도 주인공으로 섭외했다. 아빠를 섭외한다는 것은, 아빠도 아이들에게 영어 그림책을 읽어주는 사람이 된다는 뜻이다. 이것도 물론 쉬운 일은 아니다. 하지만 분명 가치 있는 일이기에 시도해봐야 한다. 아빠도 아이들과 같이 아주 쉬운 영어 그림책부터 시작했다. 이때 엄마의 역할이 중요하다. 그림책도 어색한데, 하물며 영어 그림책을 읽는 아빠의 모습을 지지하고 응원해주어야 한다. 난생처음의 도전을 시작한 아빠에게 필요한 건 진심 어린 격려다.

아빠가 영어 그림책을 읽어주는 순서는 이렇게 정했다. 첫째만 있을 때는 신랑과 내가 하루씩 돌아가며 밤에 책을 읽어주었고, 둘째가 태어난 이후에는 아이를 한 명씩 데리고 돌아가며 책을 읽어주었다. 아마 집집마다 아빠가 참여할 수 있는지의 여부와 사정이 다를 것이다. 하지만 가장 중요하고 급한 일이라고 생각하면 분명 방법이 생긴다. 매일 엄마와 아빠가 돌아가며 읽어줄 수 없다면 주말만이라도, 혹은 아이와 함께 날짜를 정하는 건 어떨까? 아이와의 데이트는 시간을 내어 밖으로 나가야지만 할 수 있는 게 아니다. 집에서 가지는 30분의 잠자리 독서 시간이 아이들과 매일 할 수 있는 데이트가 된다. 엄마나 아빠가 자신이 관심 있는 책을 읽어주는 시간은 아이에게 상상할 수 없을 만큼의 깊은 애정과 위안을 준다. 형제가 있다면 형제간에 있었던 다툼 속에서, 아이가 혼자라면 오늘 하루 친구들과 겪었던 갈등 속에서 벗어나 오롯이 엄마 아빠의 품을 누리는 시간을 선물받는 것이다.

▶▶ 영어 그림책 프로젝트 ③ ◀◀
엄마의 미션: 영어 그림책 미리 읽기의 선순환

아이가 영어 그림책을 좋아하게 만드는 가장 큰 팁 하나를 꼽으라면, 바로 엄마도 영어 그림책을 읽는 것이다. 엄마가 영어 그림책을 좋아하게 되면, 아이에게 이 재밌는 이야기를 어떻게 하면 더 재밌게 전달할 수 있을지에 대한 방법을 생각하게 된다. 내가 정한 방법은 미리 읽기였다.

나는 아이에게 읽어줄 그림책을 꼭 미리 읽어보았다. 미리 읽어보면 좋은 점들이 많다. 내 아이가 좋아할 것 같은 장면을 미리 파악해서, 그 장면을 더 재미있게 만들어주는 방법들을 준비할 수 있다. 예를 들어 에릭 칼(Eric carle) 작가의 《Papa, Please Get The Moon For me(아빠, 달님을 데려와 주세요)》와 같은 그림책을 읽을 때 그림책 맨 뒷장에 색종이 달을 숨겨두는 것이다. 그림책 마지막 장에서 달이 톡 떨어질 때 아이는 탄성을 지르며 좋아한다.

또 미리 읽어보면 좋은 점은 녹음을 할 수 있다는 점이다. 아이의 취향은 아니지만 내가 꼭 소개하고 싶은 그림책이 있다면, 나는 녹음을 했다. 그리고 아이가 거실에서 즐겁게 놀이하고 있을 때, 내가 녹음한 영어 그림책을 배경음악으로 틀어주었다. 편안한 상태에서 엄마의 목소리로 듣는 그림책은 아이의 마음에 호기심을 심어준다. 그날 밤에 녹음한 그림책을 가지고 들어가면 아이가 좋아할 확률이 매우 높아진다. 아이는 이 방법으로 몰리 뱅(Molly Bang) 작가의 『When Sophie Gets angry...(소피가 화나면 정말 정말 화나면)』을 사랑하게 되었다.

만약 아이에게 영어 그림책을 잘 읽어주고 싶은데 방법을 모르겠다면, 영어 그림책을 맛깔나게 읽어주는 선생님의 유튜브 영상을 참고해도 좋다. 하지만 유튜브보다 추천하는 건 실제 강의를 듣고 배워보는 것이다. 개인적으로 영어 그림책을 재밌게 읽어주는 니콜 쌤의 그림책 과정을 1년간 수강하며 배운 것이 큰 도움이 됐다.

나는 그림책을 미리 읽고 나서 나만의 리딩 로그(그림책 기록, Reading log)를 꾸준히 작성했다. 나만의 별점, 나의 감동 포인트, 좋았던 구절, 아이의 반응 등을 간단히 적었다. 이렇게 작성한 기록은 하나의 지도가 되었다. 아이가 어떤 그림책을 좋아하는지 지름길을 찾을 수 있었고, 무엇보다 내가 좋아하는 그림책도 함께 찾을 수 있었다. 영어 그림책의 재미를 제대로 느끼려면 '읽기'에서 끝나지 않고 '쓰기'로도 이어지면 좋다. 이 경험이 너무 좋아 '슬로우 미러클 영어 그림책 카페'에서 그림책 소개 작가로도 활동하게 되었다. 이 모든 것들이 가능했던 이유는 나도 재밌었기 때문이다. 재미는 아이에게만 통하는 게 아니다. 엄마도 재미를 느끼면 진심이 된다. 영어 그림책이란 기쁨을 아이만이 소유할 수 있는 감정으로 두지 않았으면 한다.

▶▶ 영어 영상 프로젝트 ① ◀◀
영상매체에 접근할 때 주의할 점

엄마표 영어에 빼놓을 수 없는 부분은 바로 영상매체다. 하지만 3세 이전까지는 영상을 먼저 노출하지 않고 노래로 충분히 듣기 경험을 채워주려고 했다. 3세 이전의 아이들에게는 엄마가 불러주는 영어 동요만으로도 충분하다. 엄마가 영어 동요를 외워서 밥 먹을 때, 씻길 때, 산책할 때, 잠잘 때 등 상황별로 부를 수 있는 노래 리스트를 만들어 그때마다 아이에게 불러주기만 해도 충분한 시기다. 자주 불러주다 보면 처

265

음엔 아이가 그 음을 따라 하고, 띄엄띄엄 영어 가사를 붙여서 노래하기 시작한다. 이렇게 엄마 목소리로 듣는 영어 소리에 충분하게 즐거움을 느낀 아이는, 자연스럽게 영어 영상으로 넘어갈 수 있다.

요즘엔 감사하게도 좋은 영어 동영상을 볼 수 있는 매체가 넘쳐난다. OTT 시대에 이 매체들을 잘 활용하기만 해도 엄마표 영어에 성공할 수 있다고 말한다. 그렇다면 뭘 보여줘야 할까? 우선 이 질문이 드는 순간부터 엄마는 혼란스럽다. 정재승 교수가 쓴《열두 발자국》에는 선택 장애에 관한 내용이 나온다. 너무 많은 선택지가 있을 때 사람의 뇌는 오히려 선택에 어려움을 겪는다고 한다. 우리가 수많은 정보 속에서 옥석을 가려내기 힘든 이유다. 정보가 많아도 너무 많기 때문이다. 사람의 뇌는 서너 가지의 선택지가 있을 때 가장 안정감을 느낀다고 한다. 이는 아이들에게도 마찬가지다. 유아 시기부터 넷플릭스, 유튜브, 디즈니플러스 등에서 "네가 좋아하는 동영상을 골라봐."라고 한다면, 아이들은 무엇을 어떻게 골라야 할지 혼란스럽다. 아이도 엄마와 똑같이 정보의 홍수 속에 빠져서 자신이 정말 좋아하는 것이 무엇인지 찾을 기회를 놓치게 된다. 이때 DVD를 활용하는 것이 좋은 대안이 된다.

해냄 스위치를 켜면 혼자서도 잘하는 아이가 됩니다

DVD를 선택하면서 얻는 즐거움

아이들이 어릴수록 DVD를 구매할 것을 추천한다. 나는 아이들이 적어도 여섯 살이 될 때까지는 DVD로만 영어 영상을 보여주었다. 아이들이 평상시에 흥미로워하는 것들을 잘 관찰해두었다가 그 분야의 DVD를 구매했다. 〈퍼피 구조대〉, 〈슈퍼윙스〉, 〈알파블럭스〉, 〈넘버블럭스〉, 〈립프로그〉, 〈무지개 물고기〉, 〈까이유〉, 〈옥토넛〉, 〈소방관 샘〉, 〈바바파파〉 등 아이의 흥미에 따라 DVD를 모았다. 특히 아이들의 반응이 좋았던 DVD는 시리즈별, 시즌별로 모두 구매했다.

DVD를 이용하면 좋은 점은 아이들이 직접 만져보며 선택할 수 있다는 것이다. 아이의 능동성은 생활 영역 곳곳으로 뻗어 나가야 한다. 여기선 선택권을 주었는데, 저기선 선택권을 주지 않는 건 일관성이 없다. 나는 아이가 본인의 흥미가 무엇인지 찾기 위해 영어 동영상을 볼 때도 아이에게 늘 선택권을 주었다. 엄마가 좋다고 판단한 것을 아이에게 보라고 강요하지 않았다.

영어 동영상을 보는 시간을 저녁 식사 후 1시간으로 고정해서 정하고, 영어 동영상을 볼 시간이 되면 아이들은 자연스레 DVD가 있는 서랍장으로 갔다. 아이들은 DVD를 충분히 들

267

춰보고 살펴보며 골랐다. 아이들이 DVD를 선택하면서 얻을 수 있는 또 하나의 강력한 장점은, 지금 내 아이의 흥미가 무엇인지 정확히 보인다는 것이다. DVD도 여러 파트가 있는데, 아이가 특히 여러 번 가지고 오는 게 있다. 그 안의 내용을 살펴보면 아이의 흥미가 지도처럼 펼쳐진다. 바다 생물에 관한 주제를 자주 보고 있다면, 그다음 DVD는 〈옥토넛〉으로 정하면 되겠다는 힌트를 얻을 수 있다.

아이가 처음 고른 DVD가 있다면 처음엔 엄마가 단 20분이라도 꼭 같이 앉아서 시청하길 추천한다. 아이가 가장 좋아하는 엄마가 함께 앉아서 보는 것만으로도 아이의 첫 DVD 감정은 긍정적으로 변한다. 엄마가 집중해서 같이 맞장구치며 봐주면 아이는 그 DVD가 더 즐겁게 느껴진다. 이런 반복을 1~2년 정도 충분히 했다면, 아이가 본인 스스로 영상매체를 고를 힘이 생긴다. 자신의 흥미를 찾는 연습이 쌓였기 때문이다. 이때가 바로 유튜브, 넷플릭스로 넘어가는 시기다.

▶▶ 영어 놀이 프로젝트 ① ◀◀
영어 놀이는 '장비빨'이다

영어 놀이라고 하면 거창하게 느껴지고 엄마가 힘겹게 준비해야 한다는 인식이 든다. 아이에게 영어로 말을 걸고, 영어 그림책을 읽고 독후 활동을 하는 것만이 영어 놀이가 아니다. 영어 놀이에 필요한 건 오히려 '장비'다. 영어 놀이는 장비빨이라고 해도 과언이 아니다. 아이가 좋아하는 것을 더 좋아하게 만드는 것에는 장비가 필수다. 엄마가 떨어지지 않는 입으로 더듬더듬 영어로 말하다 "에이, 하지 말자!" 하며 스트레스 받는 것보다 손쉬운 방법이다.

4~7세의 전조작기에 있는 아이들에게는 손으로 직접 만지며 노는 활동이 무엇보다 중요하다. 자신의 오감을 이용하여 세상을 느끼고, 그 감각을 생각과 사고로 변환해 나가는 시기이기 때문이다. 이 말은 즉, 아이가 좋아하는 것을 만질 수 있도록 제공하면 된다는 뜻이기도 하다. 아이들이 한참 〈퍼피구조대〉 DVD에 빠져 있었을 때 일이다. DVD를 닳고 닳도록 보았다. 좋아하는 편은 오십 번도 넘게 돌려볼 정도로 아이들의 흥미가 최고점에 올랐을 때 나는 드디어 때가 왔다고 느꼈다. 손으로 만지며 놀 수 있는 장비가 필요한 순간이 온 것이다. 좋아하는 것을 더 좋아하게 만드는 흥미의 연쇄반응을 이용할 때가 왔다.

4장. 모든 아이는 능동적 학습자가 될 수 있다

영어 놀이에 필요한 건 엄마의 '검색 능력'

영어 놀이를 위해 필요한 장비는 '피규어, 음원, 책' 세 가지가 있다. 아이가 흠뻑 빠진 DVD가 있다면 그 영상과 관련된 피규어를 구입해보길 추천한다. 우리 아이들은 〈퍼피 구조대〉를 정말 좋아했던 시기가 있다. 흥미가 최고점에 올랐을 때, DVD에 나오는 피규어를 하나씩 모으기 시작했다. 아이는 자신이 가장 좋아하는 캐릭터의 피규어가 도착한 날, 그 피규어를 베개 위에 올려두고 함께 잠들었다. 어딜 가던 손에 쥐고 다니고, 외출할 때는 외투 주머니에 챙겨서 나갔다. 아이들은 피규어를 가지고 DVD에 나오는 대화를 하며 푹 빠져 놀았다. 엄마의 역할은 그저 아이들이 자신들의 놀이에 심취해 있을 때 옆에서 맞장구를 치고, 짧은 영어로 대답을 해주는 것만으로도 충분하다.

아이들이 노는 모습을 보니 다른 고가의 장난감도 사주고 싶은 마음이 들었다. 〈퍼피 구조대〉 본부 장난감이 있었는데, 정가를 주고 사기엔 부담이 되어 당근마켓에서 알람을 걸어두었다. 물건이 나오길 아이들과 함께 손 모아 기다렸다. 마침내 당근에서 알람이 왔고, 구조대 본부를 집으로 들고 왔을 때 현관문 앞에서 함박웃음을 지으며 기다리던 아이들이 생각난

다. 이처럼 장비를 사는 것에도 엄마와 아이들의 조율이 필요
하다. 너무 많은 것을 한꺼번에 사줄 필요도 없고, 너무 비싼
것을 애써 구매할 필요도 없다. 아이가 좋아하는 것을 하나씩,
그리고 장비도 엄마의 상황에 맞게 계획을 세우면 된다.

또 다른 장비 하나는 오디오 플레이어나 엄마의 휴대전화
다. 아이가 좋아하는 DVD의 음원을 찾아 목욕 시간, 놀이 시
간에 등 아이의 자투리 시간에 틀어주기만 하면 된다. 나는 아
이가 좋아하는 DVD의 MP3 음원 리스트를 만들어 휴대전화
에 담았다. 그 리스트를 자투리 시간이 날 때마다 틀어주었다.
아이들은 목욕하면서, 이동하는 차 안에서 자연스레 자신이
좋아하는 에피소드를 떠올리며 따라 하고 노래하며 영어라는
바다에 흠뻑 빠져 헤엄쳤다.

그리고 곁들이면 가장 좋은 마지막 장비인 책이 있다. 인기
있는 DVD 시리즈는 대부분 시중에 리더스북의 형태로 많이
출간되어 있다. 《넘버블럭스》, 《알파블럭스》, 《까이유》 등 종
류도 다양하다. 〈퍼피 구조대〉와 관련된 책들을 검색했고 아
이들이 재밌게 읽을 수 있는 짧은 리더스북이 있어 주문했다.
피규어, 음원, 책 이 세 가지 장비가 주는 시너지는 실로 어마
하다. 잠자리 독서 시간에 아이들은 어김없이 이 리더스북을
골랐다. 읽고 읽다 책을 몽땅 외워서 말하는 수준까지 되었다.
아이는 책을 통해 자연스레 파닉스, 사이트 워드(Sight Words)

271

를 익히게 되었지만, 그것보다 더 큰 수확은 아이가 좋아하는 것을 더 좋아하게 되었다는 사실이다. 좋아하는 것에 몰입하는 경험을 해본 아이는, 몰입이 가져다주는 참된 기쁨을 자연스레 알게 되었다. 이처럼 아이에게 기쁨을 주는 영어 놀이에 필요한 건 엄마의 유창한 영어 실력일까? 아니다. 바로 장비를 찾는 엄마의 검색 능력이다.

우리집 아이들은 여전히 영어를 좋아한다. 아침에 눈을 뜨면 자연스레 영어 그림책을 찾아 읽고, 영어 영상 속 캐릭터들을 따라 하는 재미에 푹 빠져 있다. 영어는 아이들이 사는 세상 속에서 곁을 지켜주는 친구가 되었다. 아이가 스스로 영어가 필요하다 느끼는 순간이 올 때, 이 친구를 정답게 부를 수 있게 되리라 믿는다. 아이가 어릴 때 '반짝' 빛나고 마는 영어가 아닌, 지속 가능한 영어를 삶에 심어주어야 한다. 그로 인해 아이가 스스로 걸어갈 길의 방향을 마련해주어야 한다.

아이들의 흥미에 따라 고르는 일곱 섹션 영어 영상 리스트		
1. 영웅 캐릭터 좋아하는 아이들 모여라!		
Paw Patrol	DVD, 넷플릭스, 유튜브	각자 가지고 있는 능력이 다른 여섯 마리의 강아지가 열 살 소년 라이더와 함께 사람들을 구조하고, 위험을 함께 해결하는 이야기다. 용감한 퍼피 구조대 이야기에 아이들은 흠뻑 빠져든다.
PJ Masks	넷플릭스, 유튜브	세 명의 파자마 삼총사가 나타났다. 올빼미, 도마뱀, 고양이 세 가지의 능력을 지닌 아이들이 밤이 되면 도시의 문제를 해결하기 위해 변신한다. 이야기에 나오는 악당들도 매력적이다. 악당들과 파자마 삼총사가 벌이는 이야기가 아이들의 시선을 끈다.
Super Wings	DVD, 넷플릭스, 쿠팡플레이	배달 비행기 제트(Jett)를 주인공으로 다양한 역할을 지닌 비행기가 나온다. 각자의 역할에 따라 세계의 여러 나라에서 일어나는 문제를 해결하는 이야기다. 각 나라의 문화와 특성도 알 수 있어서, 나라 교육과 연계해도 좋은 영상이다.
Super WHY!	DVD	동화 속 주인공에게 문제가 생기면 다 함께 북클럽에서 책을 골라 그 책의 내용에 따라 문제를 해결해 나간다. 캐릭터가 가진 능력이 모두 다르다. power to read, alphabet power, word power, spelling power, dictionary power로 문제를 해결한다.

4장. 모든 아이는 능동적 학습자가 될 수 있다

Spidey and His Amazing Friends	디즈니 플러스	스파이더, 마일즈, 고스트 스파이더, 닥터 옥, 그린 고블린, 라이노, 헐크, 블랙 팬서 등 인기 많은 디즈니 캐릭터들의 축소판이다. 스파이더맨과 두 명의 친구가 팀이 되어 도시의 위험을 해결하고, 악당으로부터 사람들을 구해주는 이야기이다.
Robot Trains	유튜브	로봇으로 변신가능한 기차들이 위험에 빠진 트레인 월드를 지키기 위해 다양한 모험을 떠나는 이야기다. 로봇과 영웅을 좋아하는 아이들이 특히 선호하는 영상이다. 국내 애니메이션 〈변신기차 로봇 트레인〉의 영어판이다.
2. 아기자기 캐릭터 좋아하는 아이들 모여라!		
Ben and Holly's Little Kingdom	유튜브	마법 세계의 작은 왕국에 사는 공주 홀리와 공주의 친구인 엘프 벤의 이야기이다. 요정, 공주, 왕국 등과 같은 귀엽고 사랑스러운 캐릭터들이 많이 나온다.
Bread Barbershop	넷플릭스	브레드 이발소와 마을에서 벌어지는 다양한 이야기를 다룬 애니메이션이다. 식빵, 머핀, 마카롱, 프레첼 등 귀여운 아기자기한 캐릭터들이 많이 나온다.
Franny's feet	DVD, 유튜브	소녀 프래니가 할아버지의 구둣방에서 손님이 맡기고 간 신발을 신고 시간 여행을 떠나는 이야기이다. 프래니는 문제를 해결하고 얻은 기념품을 자신만의 보물상자에 차곡차곡 보관한다.
Barbapapa	DVD	슬라임처럼 쭈욱 늘어나 자유자재로 모습을 변신하는 사랑스러운 아홉 명의 가족이 나오는 애니메이션이다. 캐릭터마다 각자의 특징을 가지고 있으며, 잔잔하고 교훈적인 메시지를 담고 있다.

Luna Petunia	유튜브	루나라는 소녀가 생일 선물로 받은 마법 상자를 통해 환상의 땅 어메이지아로 떠나는 이야기다. 그곳에서 만난 친구들과 다양한 모험과 꾸려나간다. 화려하고 귀여운 캐릭터들이 나와 여아에게 인기가 많다.
Rainbow Ruby	DVD	판타지와 변신을 좋아하는 여자아이들이 좋아할 만한 영상이다. 루비의 곰인형 초코의 가슴에 있는 하트가 반짝이면 루비는 레인보우 빌리지로 모험을 떠나게 된다. 사랑스럽고 아기자기한 캐릭터들이 많이 등장한다.
3. 동물 좋아하는 아이들 모여라!		
Pepa pigs	넷플릭스, 유튜브	귀여운 돼지 캐릭터들이 주인공으로, 돼지 소녀 페퍼와 남동생 조지가 나온다. 귀여운 친구들과의 즐거운 일상이 담겨 있다.
Sharkdog	넷플릭스	맥스와 샤크독의 진한 우정을 그린 이야기다. 열 살 소년 맥스는 반은 상어, 반은 강아지의 모습을 한 샤크독을 우연히 만나게 되며 가족으로 받아들이는 과정을 담았다.
Octonauts	DVD, 넷플릭스, 유튜브	동물 친구들이 바다 탐험대가 됐다! 바다탐험대 옥토넛이 위기에 빠진 바다 동물과 환경을 지키는 이야기다. 바다 뿐만 아니라 육지 탐험대 등 다양한 시리즈가 있다.
Chip & Potato	넷플릭스	유치원에 다니는 소녀 칩과 칩에게만 보이는 비밀의 친구 포테이토가 만드는 이야기이다. 판다, 기린, 퍼그, 생쥐 등 등장인물이 모두 동물을 귀엽게 의인화한 캐릭터다.

275

Simon	DVD	국내에서는 〈까까똥꼬 시몽〉으로 번역되어 나오고 있으며, 만다섯 살짜리의 귀엽고 장난기 많은 토끼 사이먼의 일상 이야기이다.
Dinopaws	유튜브	밥, 그웬, 토니 세 마리의 귀여운 공룡이 나오는 애니메이션이다. BBC의 어린이 채널인 CBeebies에서 만든 영상이다.
4. 과학 및 실험 좋아하는 아이들 모여라!		
Blue's clues	DVD, 유튜브	강아지 블루가 남긴 단서 세 가지를 활용하여 함께 문제를 풀어나가는 이야기이다. 다양한 생활 속 실험 문제들을 단서를 통해 하나씩 해결하고, 유추해 나가는 재미가 있다.
Gabby's Dollhouse	넷플릭스	귀여운 여러 마리의 고양이들과 개비의 마법 이야기이다. 실사와 애니메이션을 오가며, 다양한 실험과 재밌는 모험으로 떠난다.
Emily's wonder lab	넷플릭스	MIT 엔지니어 출신 에이미가 아이들과 직접 실험을 하는 이야기이다. 실험을 통해 재밌고 친절하게 과학적 원리에 대해 설명한다.
Blippi	유튜브	인기 많은 블리피 아저씨는 아이들을 위한 실험도 한다. 블리피 아저씨가 여러 가지 과학적 실험과 재밌는 놀이를 통해 생활 속 궁금증을 해결해 나간다.
Messy Goes to Okido	유튜브	BBC의 어린이 채널인 Cbeebies에서 만든 과학어드벤처 시리즈 영상이다. 메시와 친구들이 다양한 시행착오를 극복하며 문제를 해결해 나간다.

해냄 스위치를 켜면 혼자서도 잘하는 아이가 됩니다

Ask the Storybots	넷플릭스	아이들이 보내온 질문의 답을 찾기 위해 다섯 명의 작은 로봇이 인간 세상으로 모험을 떠나는 이야기이다. 왜 밤이 되면 어두워지는 지 등에 대한 질문의 답을 찾아 떠난다.
5. 모험을 좋아하는 아이들 모여라!		
Dora the explorer	DVD, 유튜브	빨간 장화를 신은 원숭이와 보라색 배낭을 멘 호기심 많은 일곱 살 소녀 도라의 모험을 담고 있다.
Charley & Mimmo	DVD, 유튜브	추피로 유명한 캐릭터의 영어판 애니메이션이다. 유치원생 찰리와 애착인형 테디베어 미모와 함께 다양한 모험을 한다.
Caillou	DVD, 유튜브	만 4세 소년인 까이유의 모험적인 일상을 담고 있다. 까이유 오리지널, 까이유 캡틴, 까이유 어드벤처 등 많은 시리즈가 있다.
Max & Ruby	DVD, 유튜브	귀여운 토끼 남매 맥스와 루비의 일상을 담은 애니메이션이다. 두 남매들이 일상에서 일어나는 다양한 모험을 찾아 떠난다. 과묵하지만 관찰력이 뛰어난 맥스와 똑똑한 듯 하지만 실수가 많은 루비의 이야기다.
Tish tash	DVD, 넷플릭스, 유튜브	분홍색 캐릭터 티시와 상상의 친구 하늘색 캐릭터 태시가 함께 모험을 떠나는 신나는 이야기이다. 티시에게 고민거리나 걱정거리가 생기면 태시가 나타나서 해결하도록 도와준다.
바다 유니콘	넷플릭스	자신이 외뿔고래인 줄 알고 살아온 호기심 많은 켈프의 이야기다. 사실은 외뿔고래가 아니라 유니콘인 걸 알게 된 켈프는 두 세상을 오가는 모험을 떠난다.

277

6. 노래나 율동 좋아하는 아이들 모여라!		
Ttobo	DVD, KT 키즈랜드	노부영 시리즈를 좋아하는 친구들이라면 무조건 추천하는 또보다. 또보는 그림책을 읽어주는 친구로, 그림책 세상 안으로 들어가서 살아있는 캐릭터들을 직접 만난다.
튼튼영어 Q-play	DVD	튼튼영어는 노래와 율동이 주가 되는 영유아기 전집 중 하나다. 중고로도 구입할 수 있다. 일상생활의 문장을 재밌는 노래와 율동으로 소개한다.
Badanamu	유튜브	알파벳, 파닉스, 너서리라임 등 다양한 종류의 영상을 노래와 율동으로 소개한 영상 채널이다.
노부영	DVD	노래 부르는 영어동화의 줄임말인 노부영은, 영어 그림책에 재밌는 멜로디를 입혔다. 아이들이 처음 영어그림책을 접할 때 재밌는 노래와 율동으로 접할 수 있어서 흥미도를 높일 수 있다.
Barefoot books	유튜브	노부영 singalong 시리즈에 포함된 그림책이 유튜브 영상에 거의 다 올라가 있다. 구입 전 살펴보길 추천한다. 영어 그림책으로 유명한 베어풋(barefoot) 출판사의 채널로 그림책을 읽어주는 유익한 영상도 많다.
Super Simplesong	유튜브	아이들이 좋아하는 다양한 주제의 노래가 올라가 있는 채널이다. 이를 닦을 때, 목욕할 때 등 일상생활 속 일어나는 일들을 잔잔한 음악부터 중독성 있는 음악까지 다양한 노래 리스트들이 있다.

Alphablocks	DVD, 유튜브	각 알파벳이 내는 소리가 하나의 캐릭터가 된다. Z는 'Zzz'처럼 잠이 자주 오는 캐릭터로 설명이 되어 있다. 알파벳의 소리와 특성이 잘 연결된 재밌는 영상이다. 캐릭터끼리 손을 잡아 다양한 영어 소리를 알려준다.
Numberbloks	DVD, 유튜브	각 숫자가 가진 특성으로 캐릭터가 된다. 숫자 7 같은 경우에는 즐거움을 나타낸다. 14는 7이 두 개이기 때문에, 스케이트를 즐겨 타는 캐릭터로 소개된다. 숫자가 의인화되어 아이들과 좀 더 친밀하게 연결된다. 각 숫자가 조합되는 과정을 통해 자연스레 연산을 익힌다.
Bounce Patrol-Kids Songs	유튜브	동물, 우주, 직업 등 다양한 주제로 익살스럽게 알파벳을 소개한다. 각 주제에 맞게 분장한 사람들이 나와서 해당 알파벳으로 시작하는 단어를 소개한다.
Leap frog	DVD	개구리 가족이 알파벳 공장에 가서 각 음가를 배우는 영상이다. 알파벳 공장답게, 다양한 알파벳들이 자신들의 특성에 맞는 방에 위치하고 있다. 챈트 형식으로 따라부를 수 있어, 아이들이 쉽게 접근할 수 있다.
Preschool Prep Company	유튜브	알파벳, 파닉스, 사이트워드 영상을 단계별로 볼 수 있는 유용한 영상 채널이다. 유아를 위한 다양한 교육 상품을 제작하고 판매하는 회사의 유투브 채널답게 다양한 영상들이 올려져 있다.
Jack Hartmann Kids Music Channel	유튜브	재미있는 노래와 율동을 하는 할아버지가 있다면 어떨까? 아이들은 할아버지가 추는 춤과 노래에 푹 빠져 따라 한다. 숫자, 파닉스, 알파벳 등 다양한 영상을 잭 하르트만 식의 노래와 기법으로 아이들에게 알려준다.

279

긍정적인
수학 인풋을 심어주자

엄마표를 진행하다 보면 자주 듣는 용어가 있다. 바로 인풋과 아웃풋이다. 인풋이 충분히 쌓여야 아웃풋이 나온다는 이야기를 많이 한다. 인풋이 충분히 쌓이려면 오랜 시간이 필요하고, 오래도록 유지하기 위해선 아이의 흥미를 고려해야 한다. 그렇게 쌓을 수 있는 수학 인풋이 뭘까? 바로 놀면서 학습하는, 보드게임이라고 말하고 싶다.

하버드대학교의 아동심리학 교수 앨빈 로젠필드(Alvin Rosenfeld)는 "자녀와 보드게임을 하는 것은 부모와 자녀가 함께 시간을 보내는 가장 완벽한 방법이며, 동시에 학습 능력도 훈련시킬 수 있다."고 말했다. 이처럼 보드게임이 좋은 이유는 부모와 아이가 관계라는 단단한 집을 짓는 동시에, 놀이를 통해 수학적 사고를 탐구할 수 있는 학습이 되기 때문이다.

보드게임은 아이들이 손으로 직접 만지며 탐구하기 때문에, 오감으로 느끼며 성장하는 4~7세 아이들의 발달과도 맞아떨어진다. 이렇게 보드게임이라는 즐거운 놀이를 통해 아이는 문제를 해결하는 연습을 한다. 놀이를 통해 충분한 연습이 쌓인 아이는 자신의 일상에서 만난 문제에서 자연스레 아웃풋을 내게 된다.

보드게임을 수학적 사고를 확장하는 하이패스로 이용하기

횡단보도에 그어진 줄의 수 세기, 과자의 개수를 동생과 공평하게 나누기, 모은 용돈으로 살 수 있는 물품 목록 작성하기 등 아이가 생활 속에서 겪는 모든 문제는 수학과 관련되어 있다. 평상시 보드게임으로 인풋이 쌓인 아이는, 자신만의 방법으로 이런 문제를 해결하고자 한다. '어떻게 하면 더 쉽게 셀 수 있지?' 하는 질문을 떠올린다. 손가락을 들어 세어보기도 하고, 주변의 구체물을 들고 와서 나열해보기도 하고, 동그라미를 그려보기도 한다. 그러다 자신만의 기발한 방법들을 알

4장. 모든 아이는 능동적 학습자가 될 수 있다

게 되고, 다른 것에도 적용해보며 자신만의 수학적 접근 개념을 만들어 나간다.

요즘은 사고력 수학에 관한 관심이 높다. 단순히 답을 내는 것에서 그치는 것이 아니라, 왜 그 답이 도출되었는지에 대한 자신만의 설명을 할 수 있어야 한다. 우리에게 사고력 수학이 낯선 이유는 '왜?'라는 질문을 자주 받아보지 않았기 때문이다. 3×4=12라는 당연한 식을 "3 곱하기 4는 왜 12가 되는 거야?'라고 물으면 말문이 막힌다. 3이 네 개가 있어서 12라는 것을 본인의 말로 설명할 수 있는 아이는 당연히 그 상위개념으로도 나아갈 수 있다. 문제집을 읽고 아이에게 '왜?'라고 물으면 재미를 느끼기 어렵다. 아이에게는 흥미가 곧 당위성이 된다. 보드게임을 수학적 사고를 여는 하이패스로 이용해보자.

보드게임은 수학에 대한 긍정적인 인식을 심어주는 일

아이가 네 살부터 집에서 온 가족이 모여 손쉽게 할 수 있는 것이 보드게임이다. 보드게임이 좋은 이유는 다양한 연령대의 아이들을 포괄할 수 있고, 어느 연령대의 아이들이라도 자신의 수준에 맞는 보드게임만 만나면 즐겁게 참여할 수 있기 때문이다. 더불어 보드게임을 통해 수학적 사고만을 얻는 것이 아니라 자연스레 규칙 지키기, 순서 알기, 승패를 받아들이는 조절력, 인내 등에 대한 귀중한 가치도 얻을 수 있다.

우리집도 하준이가 네 살 때부터 지금까지 매일 저녁 30분 이상 보드게임을 하고 있다. 아이들이 보드게임을 하다가 분해서 눈물을 흘린 적이 한두 번이 아니다. 그럼에도 아이들은 7:3 법칙을 정할 때 보드게임을 가장 먼저 말할 정도로 좋아한다. 아이는 매일 저녁 시간이 되면 어김없이 환하게 웃으며 보드게임을 들고 온다.

아이들이 왜 이렇게 보드게임을 좋아할까? 단순히 게임을 하는 것이 재밌는 것도 있겠지만, 부모와 함께하는 그 시간을 무척 기다리기 때문이다. 아이만큼 부모와 함께 있기를 간절히 원하는 존재가 있을까? 흥미라는 강력한 열쇠, 그리고 부모라는 비밀병기가 만나면 아이의 세상은 활짝 열린다. 엄마와 함께하는 재밌는 일은 언제나 아이의 마음속에 긍정성이란 씨앗 하나를 심어준다. 그 씨앗이 가정이라는 흙 안에서 햇빛과 물을 받아 푸른 새싹으로 돋아난다. 아이마다 돋아나는 시기와 양은 다르겠지만, 분명히 돋아난다.

매일 저녁 30분씩 엄마가 아이와 보드게임을 하는 일이 실은 쉽지 않다. 해야 하는 집안일이 밀려 있고, 일을 마치고 돌아온 저녁은 몸도 녹아내릴 듯 피곤하다. 하지만 아이의 마음에 씨앗을 심는다고 생각해보길 바란다. 이 시간으로 피어날

283

아이의 새싹을 생각해보자. 단순히 수학적 개념을 쉽게 아는 문을 연다는 것이 아니라, 수학에 대한 긍정적인 인식을 심어 주는 것이다. 그 인식을 통해 아이는 자신만의 해결법을 찾아 나간다. 거기다 가족의 추억과 대화가 담긴 씨앗이라면, 더욱 특별해진다.

규칙은 아이의 수준에 맞게 만들기

보드게임을 쉽게 시작하지 못하는 이유는 의외로 설명서 때문이라는 말도 많다. 아이와 한번 보드게임을 해보기 위해서 뚜껑을 딱 열었는데, 설명서를 읽자마자 덮고 싶은 기분이 들 때가 있다. 게임 방법이 복잡하고, 규칙도 너무 다양하기 때문이다. '우리 아이는 못할 것 같은데…'라는 생각이 들자마자 의욕이 사라진다. 꼭 보드게임의 설명서대로 따라야 할 필요는 없다. 보드게임을 말 그대로 '도구'로만 사용하면 마음이 편해진다.

설명서대로 하지 않고 내 아이의 수준과 흥미에 맞춰 가족만의 규칙을 만들면 된다. 예를 들어, 10의 보수를 만드는 보드게임인데 아이가 어려워한다면, 5의 보수를 만드는 방법을 사용하면 된다. 보수란 그 수가 되기 위하여 서로 보충하여 주는 수를 말한다. 이처럼 아이가 즐겁게 참여할 수 있는 규칙을 함께 만들고 협의하여, 아이가 능숙해졌을 때 서서히 단계를 높여가면 된다. 규칙을 함께 정하는 과정을 통해서도 아이는 존중받고 있다고 느끼고, 문제를 해결하는 방법을 알아가게 된다.

중요한 건 아이가 가져온 보드게임이 수학에 대한 궁금증을 쌓아가고, 연습할 기회라는 걸 아는 것이다. 혹시 아이가 보드게임을 같이 하려고 하지 않는다면, 엄마의 마음을 한번 점검해보아야 한다. '이 시간을 즐겁게 보내기 위해 시작한 일인지, 아이에게 문제를 풀려고 시작한 일인지'를 분별해야 한다. 아이 마음에 심어줄 싹을 생각해보자. 물과 양분을 충분히 받았을 때, 아이의 아웃풋이 나오는 순간이 있다. 보드게임은 아이가 세상에서 자신만의 방식으로 문제를 해결하기 위해, 집에서 쌓는 즐거운 연습 과정임을 잊지 말자. 이어지는 부록에서 4~7세 아이들이 즐겁게 수학 인풋을 쌓을 수 있는 보드게임 추천 리스트 톱 10을 소개한다.

285

보드게임	보드게임 분석		추천 이유 및 활용 꿀팁	블로그 QR
쏙쏙 키재기 애벌레	4세 이상	측정	벌레를 직접 연결함으로써 짧고 긴 것에 대한 직관적인 추측이 가능한 보드게임으로, 측정에 대한 즐거움을 심어줄 수 있다. 벌레를 길게 늘여놓고 집안에서 수 막대, 자, 8가베 등 다른 측정 도구를 이용하여 벌레의 길이를 재보자.	
	15분 내외	1만 원 초반		
스머프 사다리 게임	4세 이상	수와 연산	수 대응과 기초연산 개념을 즐겁게 익힐 수 있는 보드게임이다. 주사위 한 개가 익숙해지면 두 개, 세 개를 가지고 게임해보자. 주사위 개수가 두 개, 세 개로 늘어나면서 자연스레 세 수의 더하기를 접하게 되고 3 + 3 + 3이 나오는 경우와 같이 곱셈의 개념도 알게 된다.	
	20분내외	1만 원 중반		
math swatters	4세 이상	수와 연산	파리채로 휘둘러 찰싹! 숫자를 잡는 재밌는 보드게임으로 아이들의 흥미와 집중도를 높일 수 있다. 색 찾기, 수 대응, 덧뺄셈식 등 아이의 흥미에 맞게 수준을 조정하여 사용해보자. 놀이가 끝나고 아이와 잡은 숫자를 구체물로 만들어보는 연계 활동을 해도 좋다.	
	15분 내외	2만 원 대		

수학 인풋을 위한 보드게임 추천 리스트 10

해냄 스위치를 켜면 혼자서도 잘하는 아이가 됩니다

sum swamp	5세 이상	수와 연산	숫자 주사위 두 개, 연산 주사위 한 개로 만드는 덧뺄셈 보드게임으로 기초연산 연습을 재밌게 할 수 있는 보드게임이다. 짝수와 홀수에 대한 개념도 익힐 수 있다. 아이가 능숙해질수록 숫자 주사위를 한 개, 두 개를 추가해서 혼합 연산식을 만들어보자.	
	20분내외	2만 원대		
슈퍼 마리오 우노	5세 이상	수와 연산, 자료와 가능성	같은 숫자 또는 색깔이 있으면 카드를 낼 수 있는 간단한 규칙 게임으로, 유아기부터 부담 없이 즐길 수 있는 보드게임이다. 처음부터 모든 전략 카드를 쓰지 않아도 좋다. 아이의 이해도에 따라 전략 카드를 추가해보자. 아이는 전략이 추가되는 즐거움을 느끼며, 자신만의 전략을 구상해나간다.	
	15분 내외	1만 원 초반		
아이씨 텐	5세 이상	수와 연산	10의 보수를 익힐 수 있는 수 연산의 기초를 마련해주는 보드게임이다. 아이의 이해도에 따라 카드의 개수를 줄여 5의 보수부터 시작해도 좋다. 6의 보수, 7의 보수 등 충분한 연습을 거친 후 10의 보수로 넘어가자. 아이는 자신감을 가지고 보드게임에 임하게 된다.	
	15분 내외	1만 원 중반		

287

코잉스	5세 이상	도형 규칙성	색깔 블록 아홉 개로 미션 카드의 빈 공간을 채워나가며 도형 추론, 공간지각력을 키울 수 있는 재밌는 보드게임이다. 만약 아이가 어려워한다면 엄마와 돌아가며 블록 맞추기, 다음에 올 도형의 색깔 힌트를 제공해보자.	
	15분 내외	2만 원 대		
쉐입스 업	5세 이상	도형	멘사에서 선정한 지능향상게임으로 작은 삼각형, 큰 삼각형, 정사각형 세 가지 도형을 이용하여 게임판을 채우는 보드게임이다. 세 가지 도형을 전략적으로 채워야 하기에 다각도의 판단력이 필요하다. 아이의 이해도에 따라 미리 게임판을 채워보는 연습을 해보자. 세 가지 도형으로 만드는 칠교놀이로도 손색없다.	
	15분 내외	2만 원 대중반		
꼬치의 달인	6세 이상	규칙성	네 가지 식재료와 두 가지 토핑을 이용하여 주문 카드에 맞게 꼬치를 만드는 규칙성 보드게임이다. 아이의 숙련도에 따라 시간 조절, 토핑 제외 등 규칙을 변형해서 시작해도 좋다. 아이와 엄마가 규칙을 만들어 손님과 주인이 되는 꼬치 가게 놀이를 해도 좋다.	
	15분 내외	2만 원 대중반		

해냄 스위치를 켜면 혼자서도 잘하는 아이가 됩니다

구십구 포켓몬	6세 이상	수와 연산	99를 넘기는 사람이 지는 간단한 규칙의 연산 보드게임이다. 한 자리 수와 두 자리 수의 덧셈이 충분히 연습이 되었다면, 암산으로 넘어가는 단계에 하기 좋은 보드게임이다. 만약 아이가 어려워하는 신호를 보인다면 셈수판, 수막대 등과 같은 수학 교구를 함께 사용해보자. 아이는 자신감을 가지고 적극적으로 게임에 임하게 된다.	
	15분 내외	1만 원 이하		

아이의 문해력을 열어주는 '마스터키'

요즘은 어딜 가나 문해력에 관한 이야기를 듣는다. 글을 잘 이해하지 못해도, 글을 잘 읽지 못해도, 심지어 잘 쓰지 못해도 문해력이 부족하다고 말한다. 문해력이 과연 뭘까? 문해력이란 '문자와 글에 대한 이해를 바탕으로 읽고 쓰는 능력'을 말한다. 하지만 문해력은 단순히 읽고 쓰는 능력을 넘어 삶의 중요한 전반적인 문제를 해결하는 종합적인 의미로 널리 쓰이고 있다.

'왜 아이들이 글을 읽지만 제대로 이해하지 못하는 걸까?'

이 물음에는 다양한 답을 낼 수 있다. 글을 읽고 문맥을 제대로 파악하지 못했을 수도 있고, 단어의 뜻을 제대로 이해하지 못해서일 수도 있다. 또는, 글을 자신의 배경지식과 다양한 경험을 연결하여 종합적으로 이해하지 못해서일 수도 있다. 말 그대로 글이 텍스트로만 존재하는 것이다. 아이에게 글이 단순히 텍스트로만 존재할 때, 읽어도 이해를 못 하는 상태가 된다. 이 말은, 텍스트가 유의미하게 존재할 때 문해력이 키워질 수 있다는 말이기도 하다.

'아이에게 글이 단순한 텍스트가 아닌, 유의미한 삶의 일부로 가닿을 방법이 있을까?'

이날도 이런 고민을 마음 한편에 밀어둔 채 감기에 걸린 아이와 병원을 찾았다. 그때, 문득 아이가 질문을 했다.

"엄마, 근데 소아과가 뭐야?"

"응. 어린아이가 가는 병원이라는 뜻이야."

아이는 나의 대답을 들었지만, 표정이 시원하지 않았다. 나도 대답은 했는데, 무언가 알맹이가 빠진 기분이 들었다.

텍스트가 살아 숨 쉬는 순간, 한자를 만나다

아이는 방문한 '우주 소아과 병원'의 간판을 읽고 물어본 것이었다. 우주, 병원은 알겠는데 소아과는 어떤 뜻인지 정확하지 않았나 보다. 문맥상 어떤 병원일 것 같은데, 고민하다 모르겠으니 내게 물어본 듯했다. 그때, 아이들에게 이비인후과, 소아과, 정형외과와 같은 이름들은 자주는 들었어도 정확히 어떤 곳인지 명확한 뜻을 알기 어려운 곳이라는 생각이 들었다. 왜 알맹이를 빠트리고 설명한 기분이 들었는지 그제야 깨달았다. 텍스트로만 전달하고, 핵심이 되는 '뜻'이 빠져 있었다.

"하준아, '소아'라는 건 '작을 소(小), 아이 아(兒)'라는 한자를 써. '과'는 우리가 배우는 국어, 수학처럼 과목을 뜻해. '과목 과(科)'라는 한자를 쓰거든. 작은 아이들이 가는 곳이라는 뜻에서 '소아과'라고 해. 그래서 소아과 병원인 거야."

"아! 그렇구나. 그래서 어른들은 안 오고, 어린이들만 오는구나."

아이의 표정이 훨씬 밝아졌다. 옥수수 껍질을 벗겨내면 꼭꼭 숨어 있던 노란색 알갱이를 마침내 만날 수 있는 것처럼, 궁금증을 한 꺼풀 벗겨낸 듯했다. 나 또한 흐릿한 구름 속에 가려져 있던 문제가 아이와의 대화로 맑아진 기분이었다. 역시 아이 안에 답이 있었다. 해냄 스위치를 켜고, 아이가 이끄는 방향을 따라가기만 하면 되는 것이었다.

글을 텍스트가 아닌 삶으로 받아들일 방법, 바로 한자였다. 아이가 뜻을 모른 채 이비인후과, 소아과를 그저 외우기만 한다면 적절하게 쓰지 못할 확률이 높다. 둘 사이의 차이점이나

해냄 스위치를 켜면 혼자서도 잘하는 아이가 됩니다

공통점을 묻는다면, 당연히 대답하지 못할 것이다. 이건 이비인후과나 소아과에만 적용되는 문제가 아니다. 우리나라의 단어는 70퍼센트 이상이 한자로 이루어져 있다. 다시 말해 한자를 안다는 건 단어의 뜻을 유추할 수 있다는 말이다. 단어의 본 의미를 알게 된다는 것, 텍스트가 살아 움직이는 순간이 되는 것이다.

한자는 참 다정한 글자다. 세상을 살펴보고 둘러봐서 그 형태의 본을 따고 응용해서 만든 글자들이다. 사람이 땅에 굳건하게 서 있는 모양인 '人(사람 인)', 아이를 안고 있는 모양으로 만든 '母(어미 모)', 심지어 '네 덕분이야'라고 말하는 정겨운 말도 한자다. '덕분(德分)'은 덕을 나눈다는 뜻이다. 글자들의 정확한 뜻을 알고 나면 더 다정한 모습으로 다가온다. 아이들에게도 글자를 단순히 읽고 쓰는 것에서 끝나지 않고, 그 안에 있는 뜻들을 알려주고 싶었다. 그로 인해서 텍스트가 조금 더 유의미하게 아이의 삶으로 다가오고, 그것이 유아기의 기초 문해력을 쌓는 긍정적인 태도로 이어지게 하고 싶었다.

기초 문해력을 키우기 위한 하루 10분 한자 놀이

아이들에게 매일 하루 10분씩 한자 노출을 시작했다. 일명 10분 한자 놀이다. 한자도 영어나 한글을 처음 배웠던 것처럼

293

아이들의 생활 속에서 의미 있게 노출될 수 있도록 흥미라는 열쇠를 가지고 접근했다. 영어를 처음 시작했을 때처럼, 우선은 노래부터 시작했다. 아이들이 함께 따라 부르고 춤도 출 수 있는 신나는 한자 노래를 반복해서 틀어주고, 생활 속에서 자주 불러주었다. 노래가 귀에 익고 아이들이 멜로디를 흥얼거릴 때쯤, 노래에 나왔던 한자 카드를 하루에 한 장씩 보여주었다. 여기에 사용한 한자 장비 책은 《하루 한 장 한자》이다.

단순히 한자 카드 한 장을 보여주고 끝나는 것이 아니라, 그 한자가 실생활에서 자주 쓰이는 어휘들도 꼭 함께 풀이해서 설명해주었다. '불 화(火)'에 대한 한자 카드를 배운 날이면, '불 화'가 들어간 어휘들을 함께 풀이해주었다. '화산', '화재', '소화기'처럼 불을 가득 안고 있는 산이기에 화산, 불이 나서 생긴 큰 사고인 화재, 불을 끄는 기구인 소화기 등 아이들이 그저 듣고 외웠던 단어에서 한자를 앎으로써 뜻을 정확하게 파악하고 유추할 수 있게 되었다.

일주일 동안 봤던 한자 카드들은 한글 카드놀이를 했던 것과 마찬가지로 카드를 바닥에 쭈욱 깔아서 나열해두고, 한자 카드의 글자와 뜻·음을 연결하는 놀이를 했다. 하루에 한 개씩 봤던 한자들이 아이들의 눈과 귀에 담겨 있었다. 처음에는 다섯 개 정도의 카드로 시작하되, 아이의 속도에 맞춰 카드를 줄이거나 늘려가면 된다. 엄마가 바닥에 놓인 한자의 뜻·음을 말하면 아이가 알맞은 카드를 찾는다. 예를 들어, '불 화'라고 말하면 아이가 해당 한자를 바닥에서 찾는 것이다. 이 단계가 익숙해지면 이제는 아이가 부모에게 문제를 낸다. 이 단계를 통해 한자가 아이의 마음 안에 더 정확히 자리 잡게 된다. 스스로 문제를 내는 건 기억에 남는 가장 좋은 학습 방법이다. 아이가 바닥에 놓인 한자의 뜻·음을 말하면 내가 알맞은 카드를 가지고 오고, 아이가 선생님이 되어 점검했다. 이렇게 한자 놀이를 하니 어느새 바닥에 놓인 모든 한자를 아이들이 알게 된 날이 왔다. 아이들은 차곡차곡 쌓인 성취감으로, 8급과 7급에 있는 한자를 모두 말하게 되었다.

그 뒤엔 자연스럽게 한자 쓰기로 넘어갔다. 아이가 좋아하는 포켓몬스터 한자 쓰기 교재를 이용하여 하루에 한 장씩 따라 썼다. 자신이 눈으로 충분히 익힌 한자를 쓰기에 큰 부담감 없이 오히려 즐겁게 참여했다. 아이는 한자를 알아가는 재미에 푹 빠져, 아침 여섯 시에 눈을 뜨면 "어제 쓰다만 한자가 있는데!"라고 말하며 책상 앞에 뛰어가서 앉았다. 이렇게 아이가 한자에 큰 재미를 느끼게 되기까지 정말 더도 말고 하루에 딱 10분의 투자가 있었다. 하지만 이 10분이, 30일 기준 한 달만 꾸준히 쌓여도 300분이 된다. 하루 10분의 꾸준함은 이토록 놀랍다는 걸 새삼 확인했다.

295

자세히 들여다보면 세상 모든 것이 한자

아이들이 한자를 어느 정도 알게 되자 자투리 시간에 할 수 있는 즐거운 놀이가 탄생했다. 일명 '한자 배틀'이다. 한자 하나를 이용해서 상대방을 공격하고, 상대방은 한자 하나를 이용해서 방어하는 말놀이 게임이다.

"돌 석(石)', 단단한 돌로 어떠한 공격도 막겠다!"

"물 수(水)', 물은 돌도 뚫을 수 있다!"

"바람 풍(風)', 바람으로 물을 모두 날려버려라!"

"메 산(山)', 높은 산이 솟아올라서 바람을 막아라!"

이렇게 본인이 아는 한자 하나와 간단한 이야기를 덧붙이는 놀이다. 하준이가 먼저 생각해낸 놀이인데, 너무 기발하고 재밌어서 틈날 때마다 함께하고 있다. 아이들이 한자로 말놀이하면서, 한자가 생활 속으로 스며들며 자신에게 더욱 의미 있는 일이 되었다. 재밌기 때문이다.

이 외에도 '불 화, 메 산을 합쳐서 화산(火山)', '바람 풍, 힘력을 합쳐서 풍력(風力)' 등과 같이 단어를 각 한자로 풀어서 설명하는 놀이를 하기도 한다. 이 놀이의 장점은 단어의 뜻을 텍스트로만 아는 게 아니라, 정확한 뜻을 인지하게 된다는 점이다. 이렇게 뜻을 분해하는 연습을 하게 되면, 평상시에 만나는 다양한 글자들의 뜻에 자연스레 호기심을 가지게 된다. 아파트 입구 구석에 있는 '소화기'를 보면, 아이들은 무슨 한자로 이루어진 것인지 유추해본다.

"엄마, 소화기는 사라질 소(消), 불 화(火)인 것 같은데 기는 뭐야? 기운 기(氣)를 쓴 거야?"

한자 놀이를 통해 아이는 이런 질문들을 생활 속에서 하기 시작했다. 텍스트에 자신이 가진 생각과 경험을 녹여내며 읽고 해석하려고 한다. 이렇게 문해력의 기초 씨앗을 아이가 스스로 키워내고 있다.

하루는 다섯 살 하윤이와 유치원을 마치고 하원하는 길이었다. 하윤이가 길을 가다가 바닥에 놓여 있는 맨홀 뚜껑을 보고 크게 소리쳤다.

"엄마! 여기에 '물 수(水)'가 있어!"

하윤이의 말에 고개를 돌려보니 바닥에 있는 맨홀 뚜껑에 '물 수'라는 한자가 적혀 있었다.

"우와! 진짜네! 어떻게 찾았어? 하윤아. 여기에 왜 '물 수'가 있을까?"

"엄마, 여기 안에 물이 들어 있는 거야?"

"맞아. 여기 구멍들이 보이지? 비가 내리면 이 안으로 물이 들어가거든. 이 안에 물이 들어 있어! 그래서 '물 수'가 있었나 보다."

하준이 역시 마찬가지다. 길을 걷다 스쳐 지나갈 수 있는

297

나뭇잎에서 '여덟 팔(八)'이라는 한자를 찾고, 좋아하는 포켓몬 카드를 연결해서 '여섯 육(六)'이란 한자를 만든다. 생활 곳곳에 숨겨져 있는 한자들을 아이들은 반짝이는 눈으로 찾아낸다. 아이들은 이때마다 자신이 찾아낸 한자로 알게 된 세상을 기쁨으로 맞이한다. 나는 아이들이 한자를 앎으로써 세상을 세심하게 관찰할 수 있는 눈을 가지게 되었다는 것이 무엇보다 기쁘다. 아이들이 자신을 둘러싸고 있는 세상을 조금 더 다정하게 바라보며 의미를 찾아가고 있다. 이렇게 발견한 의미를 자신의 마음과 생각에 담고 있다. 나의 주변을 자세히 볼수록, 세상은 나와 연결된다. 그리고 이 연결이 가져다주는 덤은 문해력이란 마스터키다.

▶▶ 자세히 들여다보면 모든 것이 한자 ◀◀

| 하원길에 다섯 살 하윤이가 찾은 '물 수(水)' 한자가 적힌 맨홀 뚜껑이다. | 하원길에 일곱 살 하준이가 찾은 '여덟 팔(八)' 모양의 나뭇잎이다. | 하준이가 포켓몬스터 카드로 '여섯 육(六)' 한자를 만들었다. |

298

		하루 10분 한자 놀이 5 스텝	
스텝	연령	하루 10분, 생활 속 한자 노래	
1스텝	4세 이상	아이들이 즐겨 들었던 한자 유튜브 채널로 〈신비한자〉, 〈주니토니〉, 〈롬토미〉가 있다. 8급과 7급 한자를 하루 10분씩 일정하게 노출했다. 노래를 따라 부르며 자연스럽게 한자의 글자와 뜻·음을 익혔다.	
2스텝	5세 이상	하루 10분, 한자 카드 노출	
		한자 노래가 익숙해진 다음엔 《하루 한 장 한자》 교재를 사용해서 하루 10분씩 한자 카드를 노출했다. 이때 한자가 실제로 쓰이는 어휘들을 함께 설명해주었다. 일(日)에 대해 배운 날엔 생일, 기념일, 요일 등을 함께 알려주고 뜻을 유추해보았다.	

299

		하루 10분, 한자와 뜻·음찾기놀이	
3스텝	5세 이상	일주일 동안 노출된 한자 카드를 바닥에 놓는다. 부모가 한자의 뜻·음을 말하면 아이가 바닥에 놓인 한자 중에서 알맞은 카드를 찾는 놀이다. 일곱 개, 열 개 등 아이의 속도에 따라 한자 카드 숫자를 줄이거나 늘린다.	
		하루 10분, 한자와 뜻·음 말하기 놀이	
4스텝	5세 이상	한자와 뜻·음 연결 놀이가 익숙해졌다면 이번에 아이가 문제를 낼 차례다. 바닥에 한자 카드를 놓고 아이가 부모에게 한자의 뜻·음을 말한다. 부모가 알맞은 한자 카드를 가져오는지 아이가 선생님이 되어 점검한다.	

해냄 스위치를 켜면 혼자서도 잘하는 아이가 됩니다

5 스텝	6세 이상	하루 10분, 한자 쓰기
		한자와 뜻·음 연결이 되었다면 한자 쓰기를 진행한다. 아이가 평상시 좋아하는 캐릭터인 포켓몬스터 한자 쓰기 교재를 사용했다. 아이의 흥미에 맞는 교재를 선택하면 된다.

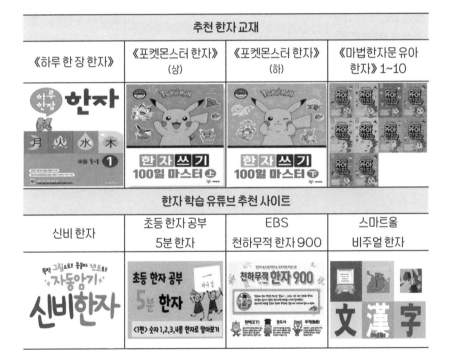

추천 한자 교재			
《하루 한 장 한자》	《포켓몬스터 한자》 (상)	《포켓몬스터 한자》 (하)	《마법한자문 유아 한자》 1~10
한자 학습 유튜브 추천 사이트			
신비 한자	초등 한자 공부 5분 한자	EBS 천하무적 한자 900	스마트올 비주얼 한자

301

다양한 챈트를 통해 배울 수 있어 한자에 대한 아이들의 흥미를 높일 수 있다. 7·8급 한자 챈트, 한자 동화, 한자 묶음 동요, 한자 게임 등이 있어 '신비한자' 교재와 연계하여 아이들과 즐겁게 한자를 익히기 좋은 채널이다.	〈우리들의 초등학교〉채널 안에 '초등 한자 공부 5분 한자 시리즈'가 있다. 5분 한자 시리즈 교재를 무료로 다운받아서 사용할 수 있는 큰 장점이 있다. 한자가 만들어진 이야기, 획순 쓰기 등 해당 교재와 연계하여 순서대로 활용하기 좋은 채널이다.	초·중학생이 필수적으로 알아야 할 900개의 한자를 엄선하여, 한자의 생성 원리와 그 뜻을 애니메이션을 통해 풀어냈다. '붓도사, 천하, 무적이' 캐릭터가 나와 잃어버린 한자를 찾는다. 캐릭터를 좋아하는 아이들이 특히 좋아할 한자 영상이다.	'스마트올TV' 채널 안에 '비주얼 한자' 시리즈가 있다. 아이들이 따라 하기 쉽도록 신나고 재밌는 음을 붙인 노래 한자이다. 한자를 쓰는 획순도 함께 살펴볼 수 있어서 아이들에게 이미지와 획순을 자연스럽게 노출하기 좋다. 2분 내외의 영상이라 매일 활용하기에 부담이 없다.

해냄 스위치를 켜면 혼자서도 잘하는 아이가 됩니다

잘 쓰기 위한 진짜 준비물은 연필이 아니다

어린 시절부터 나는 자주 쓰는 아이였다. 잘 쓰진 않았지만 무언가를 쓰는 것을 좋아했고, 어느덧 쓰기는 내 마음을 위로하는 하나의 방식이 되었다. 그래서 마음이 울적하거나 힘든 일이 있을 때마다 떠오르는 생각이나 감정들을 짧게라도 적는다. 떠오르는 마음들을 솔직하게 적고 나면 노트에 적힌 감정을 다시 마주할 용기가 생긴다. 내 안에서 나온 것들이니, 내가 해결할 수 있다는 믿음이 있기 때문이다.

잘 쓴다는 것은, 결국 그만큼 내가 나를 생각해봤다는 증거다. 쓴다는 것은 일상생활 속의 다양한 것들을 수용하고 조합

303

하여, 나의 감정으로 다시 창출해야 하는 것이기 때문이다. 이미 이렇게 글쓰기를 습득했다면 공부에 필요한 쓰기도 자연스레 할 수 있다. 내가 먼저 해보니 좋다는 걸 아는 이 글쓰기를 아이의 삶에도 꼭 스며들게 해주고 싶다는 마음이 강했다. 내 아이에게 쓰기는 어떻게 다가가야 할까?

쓰기 전에 하기 좋은 '마음 일기'

많은 아이가 쓰기를 어려워한다. 쓰기가 왜 어려운 일일까를 생각해보면, 내 생각과 감정을 정리하고 처리하는 일을 먼저 해야 하기 때문이다. 말하는 건 순간적으로 일어나는 일이지만, 쓴다는 것은 시간이 걸린다. 생각을 정리하고 감정을 처리하지 못하면 쓰기는 막막해진다. 무엇을 쓸지 모르기 때문이다. '재밌다, 즐겁다, 맛있다' 외에는 생각나는 것이 없다. '왜 재밌고, 왜 즐겁고, 왜 맛있는지'에 대한 자신만의 생각을 이어가는 것이 바로 쓰기다. 손으로 연필을 잡고 글씨를 또박또박 쓰는 것은 부차적인 문제다. 이것 역시 연습이 필요한 일이지만, 쓰고 싶은 마음이 드는 아이는 자연스레 할 수 있다. 가장 중요한 건, 쓰고 싶은 마음이 들게 하는 일이다.

쓰고 싶은 마음이 들게 한다는 것은 감정과 연관되는 일이다. 쓰기도 결국은 내 생각과 마음을 표현하는 하나의 수단이기 때문이다. 그렇다면 자신의 마음을 잘 표현하는 연습을 어릴 때부터 시켜주면 어떨까? 표현한다는 건 말이 될 수도, 그림이 될수록, 몸짓이 될 수도 있다. 감정을 표현하는 것에도 많은 연습이 필요하다. 그렇기에 나는 첫째가 스케치북에 끼적일 수 있고 말로 자신의 감정을 짧게나마 표현했을 때, 지금이 바로 적기라고 생각했다. 그때부터 네 살 아이와 함께 마음 일기를 시작했다.

마음 일기란, 그날 아이가 느꼈던 마음들을 기록하는 걸 말한다. 아이가 하루 동안 느꼈던 감정을 나에게 말하거나 표현하면 내가 스케치북에 대신 적어주었다. 아이가 말하지 않고 싶은 날엔, 그림을 그렸다. 혹시 아이가 그리기 어려워하는 것이 있다면, 내가 대신 그려주고 아이는 색칠했다. 어떤 방법이든 아이가 조금이나마 표현할 수 있는 길을 찾았다. 아이가 네 살에 썼던 마음 일기를 찾아보니 이런 말들이 쓰여 있다.

"해가 구름 뒤에 숨은 날"

"방울토마토에 물을 줘서 행복했다."

"콧물 때문에 갔던 병원에서 간호사 이모들이 몸을 꽉 잡아서 슬펐다."

"엄마가 안아줘서 기분이 좋아졌다. 분홍색 비타민을 받아서 기뻤다."

스케치북엔 방울토마토, 구름 뒤에 숨은 해님, 울고 있는 아이 표정, 웃고 있는 아이 표정이 그려져 있었고, 그리고 아이가 좋아하는 비타민을 가장 좋아하는 분홍색으로 색칠했다. 아이는 나와 눈을 마주치며 하루에 있었던 일들을 말하고, 색을 선택해서 칠하고, 끼적이며 자신의 마음을 표현하는 법을 조금씩 배웠다.

마음 일기를 시작하면서 함께 활용하면 좋은 것이 있다. 바로 달력이다. 아이가 손에 들고 다닐 수 있는 작은 달력 하나를 사서 만들어주자. 마음 일기를 시작하기 전에, 아이가 달력을 가지고 와서 오늘이 며칠인지 스티커를 붙여보면 좋다. 달력을 보면서 자연스레 오늘은 몇 월인지, 며칠인지, 오늘 날씨는 어땠는지 이야기를 꺼낼 수 있다. 그리고 내일 있을 일들을 미리 아이에게 말해줄 수도 있고, 주말에 계획이 있다면 기대감을 함께 이야기해보아도 좋다. 하준이는 낯선 환경에 대한 민감도가 무척 높았던 아이였다. 달력을 활용해서 일어날 일을 예고해주고, 시각적으로 설명해주는 것만으로도 아이는 안심했다. 달력을 일기에 함께 활용하면 다양한 장점들이 있으니 꼭 짝꿍 세트로 활용하길 추천한다.

좋은 건 알지만 시작이 어려운 마음 일기, 성공하기 위한 세 가지 방법

306

아이와 마음 일기를 시작해보려고 해도, 어떻게 시작해야 할지 막막할 수 있다. 좋은 마음으로 시작했는데 생각보다 아이가 집중하지 못하면 지속하기 어려울 수도 있다. 그렇기에 처음 시작하는 마음 일기가 꾸준히 지속되기 위한 세 가지 방법을 소개한다.

1. 아이가 가장 좋아하는 시간 뒤에 마음 일기를 배치하자

아이의 마음이 온전히 열리는 시간대가 있다. 그건 아이마다 다르고, 오직 엄마만이 안다. 하준이는 저녁을 먹고 나서 좋아하는 과일이나 간식을 먹으면서 영어 영상을 보는 시간을 가장 행복해했다. 이 시간이 지난 후에 하는 활동들에는 마음이 활짝 열렸다. 좋아하는 것들로 이미 마음을 채웠기 때문이다. 그래서 아이가 가장 편안하게 자신의 마음을 말할 수 있는 이 시간대를 활용했다.

2. 마음 일기는 잘 쓰기 위한 것이 아니다

마음 일기를 쓰는 목적을 생각해야 한다. 마음 일기를 쓰는 목적은 감정을 건강하게 표현하고 처리하는 방법을 익히기 위해서다. 그게 결국은 쓰기의 초석이 되기 때문이다. 아이가 오늘 있었던 일이나, 속상했던 일에 대해 아주 짧게라도 표현했다면 충분히 공감해주고 집중해서 들어주어야 한다.

307

아이들은 처음엔 "기분 좋았어.", "속상했어.", "슬펐어.", "기뻤어."라는 식의 짧은 답을 한다. 거기에 더 이상의 말을 붙이지 않고, "표현해줘서 고마워. 하준이가 마음을 말해주니 기쁘다."라고 대답했다. 짧은 감정 표현이라도 수용되는 경험이 쌓이다 보면, 조금 더 말이 붙는다. 어린이집에서 있었던 일화를 들려주기도 하고, 놀이터에서 했던 재밌었던 놀이에 대해서도 말을 하기 시작한다. 그리고 속상했던 일들에 대해서도 솔직하게 털어놓기도 한다. 그땐 "좋았어.", "슬펐어."가 아닌 '왜' 그런지에 대한 진실한 답이 나오기 시작한다. 이렇게 천천히 감정에 살을 붙여 나간다.

3. 아이가 원하는 방향으로 선택할 수 있게 해야 한다

마음 일기를 쓰기 위해 필요한 준비물이 있다. 기본 준비물은 스케치북, 색연필, 크레파스, 연필 등이다. 이것은 어디까지 기본 준비물일 뿐이다. 준비물을 어떻게 활용할지에 대한 '선택'은 아이에게 달려 있다. 나는 스케치북을 한 장씩 차례대로 썼으면 좋겠는데, 아이는 자신이 펴고 싶은 장을 편다. 나는 아이가 열고 닫는 게 편하고, 손쉽게 치우기 좋은 색연필을 썼으면 좋겠지만, 아이는 서랍장에서 물감을 가져온다. 그럴 땐 언제나 아이가 원하는 방향으로 존중해주었다. 아이가 펴고 싶어 하는 스케치북 위치에 물감, 사인펜, 크레파스 등

해냄 스위치를 켜면 혼자서도 잘하는 아이가 됩니다

아이가 스스로 쓰고자 하는 재료를 선택했다면, 그 결정을 수용하며 따라주었다.

쓰기에 진짜 필요한 준비물은 따로 있다

아이가 네 살 때 시작한 마음 일기는, 그 후로도 2년 정도 지속했다. 어느새 이 시간은 아이의 마음을 듣는 시간이 되었다. 내가 미처 보지 못한 시간 속의 아이, 그리고 심지어 함께 있더라도 알지 못하는 아이의 감정을 알 수 있는 귀한 시간이 됐다. 감정이란 표현하지 않으면 알 수 없는 부분이다. 아이는 이제 자신의 감정을 말하는 것이 어색하지 않다. 자연스럽게 마음을 꺼내 표현하고, 그를 통해 해소하고 조절하는 법을 느꼈다.

지금은 마음 일기에서 조금 더 나아가, 아이와 오늘 하루 가장 기억에 남았던 일들을 말하고 녹음하고 있다. 나와 아이가 번갈아 가며 말하고 녹음한다. 어떤 날은 아이가 먼저, 어떤 날은 내가 먼저 한다. 녹음한 말을 들어보면 그중에서 내가 가장 마음에 드는 문장이 있다. 그 문장을 한 줄씩 쓰는 연습을 하고 있다. 내가 말한 것 중에서 가장 주요한 감정을 찾고, 의미 있는 문장을 찾아내는 연습이다. 내가 한 문장을 쓰면 아이가 그 밑에 따라 쓰기도 하고, 아이가 쓸 수 있는 단어를 빈

칸으로 남겨두면 아이가 그 부분만 스스로 쓰기도 한다. 잘 쓴다는 건, 나의 주요한 감정을 잘 포착하여 글로 옮기는 일이다. 아이의 문장은 항상 근사하다. 아이들이 최근에 썼던 문장들이다.

하준 "종이접기를 잘하고 싶어서 연습을 많이 했다. 연습은 중요하다."

하윤 "엄마 아빠랑 오랫동안 함께 있고 싶어요. 너무 행복해서요."

쓰기엔 연필보다 더 중요한 준비물이 있다. 바로 쓰고 싶은 마음이다. 그 마음만 준비가 되어 있다면, 언제 어디서든 쓸 수 있다. 잘 쓰기 위해서 가장 필요한 건, 우선 아이가 자신의 마음을 들여다보고 조금이라도 표현해보는 연습이다.

아이의 생각을 키우는 가족 책 발표 데이

발표는 상대방에게 내 생각을 설득력 있게 전달하는 과정이다. 수업 중간에 화장실을 간다고 말하거나, 낯선 환경에서 나중에 하겠다고 말을 하거나, 친구와 있었던 불편한 일들을 선생님에게 전달하는 과정 등 이렇게 아이들이 일상생활 속에서 흔히 겪는 사소한 일들도 발표의 범주에 들어간다. 내 생각을 설득력 있게 잘 전달해야 하기 때문이다.

　아이들의 유치원이나 학교 공개수업을 가봤다면, 아이가 손을 들고 당당하게 발표하는 모습을 본 적이 있을 거다. 아이가 또박또박 말하는 모습을 보면 그렇게 기특할 수 없다. 그런

311

데 아이가 발표하고 싶은 마음은 가득해 보이는데, 손을 들지 못한 채 고민하는 모습을 본 적도 있을 거다. 그렇게 안타까운 마음이 들 수가 없다. "기회를 주면 정말 잘할 텐데."라는 마음이 절로 든다. 아이의 우물쭈물한 모습을 보니 "평상시에 친구들이나 선생님한테 말은 잘할까?" 하는 불안감도 스멀스멀 올라온다.

그렇다면, 이 기회를 가정에서 주는 건 어떨까? 본인의 생각을 전달하는 것이 즐거운 것임을 알 수 있도록, 자주 시도해보면서 말이다. 시도에 항상 따라다니는 짝과 같은 존재가 있다. 시도 뒤에는 언제나 고민이 남는다. 이런 경험은 자주 할수록 좋다. 직접 시도해봐야지만, 다음을 생각해보는 기회가 생긴다.

'선생님께 정말 하고 싶은 말이 있는데, 어떻게 시작해야 하지?'

'뭔가 아쉬움이 남는데, 왜 그렇지? 내가 하고 싶었던 말이 이 말이 아닌가?'

'친구들이 내 마음을 잘 모르는 것 같아. 어떻게 전달하면 좋을까?'

스스로 고민해본 아이는 다르다. 스스로 고민을 해봤기에 자신에게 맞는 방법을 찾아 나갈 수 있다. 다른 사람이 좋다고 해서 쓰는 방법이 아닌, 바로 나에게 맞는 나만의 방법을 만들어 나갈 수 있다. 나만의 퍼스널 컬러가 생기는 것이다. 그건 물을 가득 머금은 하늘빛일 수도 있고, 한낮에 보는 해처럼 강한 노란색일 수도 있다. 내가 생각한 고민, 내가 내린 결론, 그로 인해 내가 만들어낸 방법은 아이만의 빛나는 색이 된다.

가족 발표 데이 탄생, 엄마 아빠의 참여도 필수

나는 아이들이 본인의 생각을 용기 있게 전달하고, 다른 사람의 반응을 느끼고, 그로 인해 다음을 고민하는 무대를 가정에 만들어주고 싶었다. 아이들이 생각 말하기를 두려워하지 않도록, 어떠한 생각이라도 마음껏 표현해도 되는 시간을 주고 싶었다. 그 매개체로 '그림책'을 이용했다.

토요일 저녁마다 우리는 공식적인 가족 행사로 가족 책 발표 데이를 열었다. 가족 책 발표 데이는 일주일 동안 아이들이 읽은 책 중에서 가장 재밌었던 책을 한 권 골라서, 그 책에 관한 내용과 생각을 거실에서 소개하는 자리다. 책의 가장 재밌었던 부분, 책에서 가장 좋았던 구절, 이 책을 소개하고 싶은 이유 등 어떠한 주제라도 말할 수 있는 시간이다. 책 발표회고, 공식적인 가족 행사인 만큼 행사라는 무게감을 주기 위해 마이크를 꼭 사용했다. 처음에는 아이들이 어릴 적부터 쓰던 장난감 마이크 세 개 중에서 아이들이 원하는 마이크를 골라서 발표했지만, 이제는 블루투스 마이크를 쓸 만큼 행사의 무게감이 꽤 커졌다.

가족 책 발표 데이인 만큼 엄마 아빠도 예외일 수 없다. 아이들만 발표하는 것이 아니라, 엄마 아빠도 역시 발표해야 한다. 아이들이 엄마 아빠의 발표를 보는 것이 좋은 이유는, 좋은 발표 사례에 대한 모델링을 자연스럽게 할 수 있기 때문이다. 엄마와 아빠도 서로 생각을 전달하는 방식과 느낌이 다르다. 같은 책을 다르게 설명하는 걸 보는 것은 아이들에겐 시야를 넓힐 수 있는 좋은 경험이다. 또한, 아이는 부모가 생각을 전달하는 과정을 봄으로써 자신이 하고자 하는 말을 고민하며 다듬어갈 수도 있다. 엄마 아빠도 가정이라는 무대로 자연스럽게 들어와야만 아이들에게 발표에 대한 부담감을 낮추고 진정으로 즐거운 가족 행사가 될 수 있다. 가족 책 발표 데이인데 엄마 아빠는 빠지고, 아이들만 발표하는 것은 의미가 없다. 부모의 참여는 필수다.

가족 책 발표 데이에서 기억해야 할 두 가지

가족 책 발표 데이에 정한 규칙은 딱 두 가지였다.
첫째, 발표자가 말할 땐 집중해서 듣기
둘째, 발표자가 말하고 나서는 큰 소리로 박수 치기

해벚 스위치를 켜면 혼자서도 잘하는 아이가 됩니다

이 두 가지를 가족 모두가 지켜야 하는 규칙으로 합의했다. 그 외의 발표 방식은 자유였다. 가족 책 발표회를 처음 시작했을 때, 아이들은 정말 쑥스러워했다. 발표 전까지만 해도 잘할 수 있다는 마음이 불꽃처럼 타올랐는데, 마이크를 쥐고 무대 앞으로 나가자 물세례를 맞은 불꽃처럼 확 꺼져버렸다. 아이의 몸은 움츠러들고, 목소리는 작아졌다.

"안녕하세요. 저는 여섯 살이고, 장하준입니다."

이 말을 하는 것도 쑥스러워서 마이크를 쥔 채로 다리를 꼬고, 몸을 앞뒤로 비틀었다. 쑥스러움에 몸을 꼬다 자신의 이름만 말한 적이 수없이 많다.

가족 앞에서 하는 발표도 이토록 쑥스러운데, 친구들 앞에서 하는 발표는 얼마나 용기가 필요한 일일까? 라는 생각이 들었다. 하물며 선생님께 전해야 하는 말은? 아이가 평상시에 얼마나 많은 고민과 용기의 갈림길에 서 있는지 느낄 수 있었다. 그렇기에 나는 두 가지 규칙을 더욱 철저하게 지켰다.

아이가 일단 마음을 먹고 거실로 나갔다면, 어떤 말이든 집중해서 들었다, 오직 가정이라는 무대 안에서만 해줄 수 있는 일이기 때문이다. 아이가 말하는 것에 오롯이 집중하고, 시간을 재지 않고, 묵묵하게 기다려줄 수 있는 건 집에서만 할 수 있다. 생각의 포옹을 느끼는 경험, 그걸 부모가 아이에게 해줄 수 있다는 게 얼마나 멋진 일인가.

315

"어떤 말을 해도 좋아. 우리는 네가 하는 말에 관심이 있고 집중하고 있어."

"생각을 말하는 건 정말 용기 있는 거야."

"어떤 생각이든 괜찮아. 어떤 생각이라도, 스스로 한 생각은 멋진 거야."

아이가 말할 때 시간이 얼마나 걸리든 이런 말을 해주었고, 진심을 담은 눈빛으로 바라보며 기다렸다.

어떤 날은 아이가 쑥스러워 인사만 하고 서둘러 끝난 날도 있다. 그리고 어떤 날은 자기가 가장 좋아하는 책의 페이지만 한참을 뒤져보다가 끝난 날도 있다. 하지만 괜찮다. 우리는 여러 번 시도하기 위해 책 발표 데이를 만들었다. 잘하기 위해 하는 일이 아니다. 아이들이 어떤 생각을 말하던 규칙 두 번째를 지켰다. "이렇게 발표하면 더 좋아. 이렇게 조금만 더 말해보자."라는 첨언을 하지 않았다. 그건 부모가 책을 발표하면서 말과 행동으로 직접 보여주면 된다. 아이가 했던 발표에는 그 어떤 나의 숫자도 더하지 않았다. 아이가 했던 아이의 것을, 그대로 수용하고 진심으로 박수 쳐주기만 했다.

자신만의 빛깔을 만들어 가는 아이들

수십 번의 토요일이 지나가고, 아이들은 책 발표 데이가 익

316

숙해졌다. 생각의 수용을 경험한 아이들은 달라졌다. 처음 발표가 아쉬웠으면 가족의 차례가 모두 다 끝난 뒤, 다시 한번 해보고 싶다고 말을 하기도 했다. 발표할 땐 미처 생각이 나지 않았던 부분, 조금 더 말했으면 좋았을 것 같은 내용들을 아이들이 스스로 찾아냈다. 자신만의 색깔을 만들어 가고 있었다. 가정에서 빚은 색깔은 신기하게 아이의 생활 반경으로 뻗어 나갔다. 유치원 상담 때면, 항상 선생님께서 이런 말들을 해주셨다.

"어쩜 아이들이 이렇게 마음과 생각을 예쁘게 말해요?"

요즘 우리 아이들은 책 발표 데이에 이렇게 말한다. 쑥스럽게 '안녕하세요'만 빠르게 말하고 들어갔던 토요일과는 사뭇 다른 모습이다.

"안녕하세요. 저는 일곱 살, 장하준입니다.

저는 《태양으로 날아간 화살》을 정말 재미있게 읽었어요. 이 책에서 가장 좋았던 페이지는 아이가 화살이 되어 태양으로 날아간 부분이에요. 그리고 용기를 가지고 키바를 모두 통과해서 태양의 아들이 된 아이가 멋졌어요. 저도 번개 키바를 통과해보고 싶어요. 들어주셔서 감사합니다."

"안녕하세요. 저는 다섯 살, 장하윤입니다.

저는 《오싹오싹 팬티》를 재미있게 읽었어요. 제스퍼가 팬티를 쫓아내는데도, 팬티가 자꾸 나타나는 게 웃겼어요. 제스

317

퍼가 팬티를 많이 사서 방에 걸어둔 페이지가 가장 좋았어요. 둘이 친구가 되었잖아요. 들어주셔서 감사합니다."

처음엔 아이들이 자신의 이름을 말하는 것에도 용기가 필요했다. 하지만 한번 낸 용기는, 다른 것을 할 수 있는 용기가 된다. 이름 말하기, 인사말 건네기, 친구에게 감정 말하기, 자신 있게 생각 말하기로 차근차근 용기를 쌓아나간다. 용기가 쌓인 아이들은 이제는 자신만의 고유한 색깔을 뿜어낸다. 마음껏 시도하고, 시도가 수용되고, 고민하고, 그 고민을 용기로 만들어 나가며 만든 빛깔이다. 매주 토요일 저녁, 우리는 서로의 이야기를 진심으로 귀담아듣고, 그것이 무슨 말이든 힘차게 박수 쳐주고 있다.

결국 학원은
아이가 다니는 곳이다

〈라디오 스위스 클래식(Radio Swiss Classic)〉과 〈KBS 클래식 FM〉은 아이들이 어렸을 때부터 듣던 클래식 라디오다. 아이들은 아침에 거실에 잔잔하게 울리는 클래식 음악을 들으면서 방에서 나온다. 〈라디오 스위스 클래식〉은 앱으로 들을 수 있는데, 스위스 방송국에서 운영하는 채널이다. 24시간 클래식을 반복적으로 틀어주는 채널이라 선택했다. 〈KBS 클래식 FM〉에서는 6시에 시작하는 〈새아침의 클래식〉, 그리고 7시부터 시작하는 〈출발 FM과 함께〉를 듣는다. 아침에 내가 기상하면 가장 먼저 하는 일은 이 두 가지 앱 중에서 하나를 골라

319

거실에 음악을 틀어두는 일이다.

클래식을 아침마다 틀어두었던 이유는 아이들에게 클래식이란 음악을 자연스럽게 노출하고 싶은 마음에서였다. 아이들이 앞으로 본인의 인생을 살아가며 마음이 힘든 일이 있을 때, 음악이 하나의 위안이 되기를 바라는 마음이 컸다. 마음을 조절하는 여러 선택지 중에 음악이 있었으면 했다. 음악을 듣고, 악기를 연주하면서 마음을 해소하는 하나의 방법을 찾게 되기를 바랐다. 그래서 아이들이 아주 어렸을 때부터 음악이 아이들의 삶에 자연스럽게 스며들기를 바라는 마음을 담아 클래식 음악을 아침 30분씩 들려주었다.

집에서 클래식을 틀어주는 것까지는 엄마의 역할만으로도 충분하지만, 악기를 알려주는 것은 또 다른 영역이었다. 이젠, 학원이 필요했다. 하준이가 다섯 살 무렵, 악기를 배울 수 있는 주변 학원을 알아보았다. 나의 기준에 딱 맞는 학원이 있었다. 집에서 차로 15분 정도면 갈 수 있고 엄마와 아이가 함께 음악을 배우는 시스템이었다. 아이만 덜렁 학원 안으로 들어가는 게 아니라 엄마도 함께 방으로 들어가서 선생님이 불러주는 노래와 율동을 함께했다. 아이를 관찰할 수 있었기에 집에서도 연계해서 노래를 자주 부르고 들려줄 수 있었다. 여섯 살까지 아이가 정말 즐겁게 음악 교실을 다녔다. 노래와 춤을 좋아하는 아이라 더 재밌게 다닐 수 있었다. 하지만 일곱 살이 되고 본격적으로 한 손과 양손으로 피아노 건반을 치는 때가 되었을 때 아이가 힘들어했다.

엄마, 나 이 학원 힘들어

하준이가 처음 한 손으로 건반을 시작하고 시간이 꽤 지났을 때 처음으로 "재미없다."라고 표현했다. 아이의 이야기를 들었지만, 무려 1년 반 동안 비가 오나 눈이 오나 쉬지 않고 아이를 데리고 들어갔던 그 시간을 포기하기가 쉽지 않았다. 아이의 말을 들었지만, 마음에서 애써 밀어냈다. 대신 아이와 수없이 이야기했던 연습에 관한 이야기를 나눴다. 처음 시작할 땐 누구나 어렵고 연습이 필요하고, 연습하다 보면 조금씩 잘할 수 있게 되고, 그러다 보면 재미를 찾을 수 있을 거란 말을 했다. 고비의 시간을 지나고, 작은 산들을 넘고 넘어, 하준이가 양손으로 건반을 칠 수 있게 되었다. 아이가 '이제는 어느 정도 재미를 찾았구나.' 하고 마음을 놓았던 저녁, 식사 시간에 가족회의를 하며 하준이가 진지하게 말을 꺼냈다.

"엄마, 나 음악 학원 그만 다니고 싶어. 많이 해봤는데, 재미없고 하기 싫어."

그때 다시 아이를 설득하고자 하는 말이 목구멍까지 올라왔다가 순간적으로 내가 나의 숫자를 아이에게 더하고 있다

321

는 사실을 깨달았다. '아차' 하는 마음이 들었다.

"정말? 그렇구나. 하준이가 많이 해봤는데도 재미가 없구나."

"하준이 생각에는 충분히 해본 것 같아?"

"응. 진짜 많이 해봤어."

"알았어. 그럼, 이제 우리 그만 다니자."

"정말? 고마워, 엄마!"

내게 고맙다고 말하는 아이의 대답을 들으니 정신이 한번 더 번쩍 들었다. 얼음이 가득 든 냉수가 머리 위에 떨어진 기분이었다. '아이를 위한답시고, 내가 학원에 다니고 있었구나.' 싶었다. 나는 음악을 삶의 동반자로 삼으라고 학원을 보냈는데, 아이는 정작 나를 위해 학원에 다니고 있었다. 무려 1년 반 가까이 다닌 학원을 그만두기까지엔 아이가 아닌 나의 용기가 필요했다. 학원은 아이가 다니는데 용기는 엄마에게 필요하다니 정말 아이러니한 일이다. 그때, 내가 아이에게 주고 싶었던 음악의 위안에 대해 생각했다.

'꼭 악기를 배워야지만 가능할까?'

'그게 꼭 피아노여야 할까?'

당연히 아니었다. 음악을 듣는 것만으로도 위안이 될 수도 있고, 언젠가 아이가 듣다 보면 악기가 궁금해지는 순간이 올 수도 있을 것이다. 또한, 피아노가 아닌 아이에게 맞는 다른 악기를 다양하게 경험하게 해주어도 된다. 그 선택은 내가 아닌, 아이가 하는 것이어야 했다. 아침에 일어날 때마다 클래식 음악을 듣는 우리집의 풍경은 변함이 없다. 하지만 달라진 것이 있었다. 아이들이 손쉽게 할 수 있는 하모니카, 칼림바, 오카리나를 꺼내서 거실에 두었다. 아이들은 하모니카를 시도 때도 없이 꺼내서 불었고, 오카리나를 손가락에 맞춰서 부는 것에 기쁨을 느꼈다. 그러다 보니 자연스럽게 피아노 건반을 여는 시간도 많아졌다. 좋아하는 애니메이션 노래를 들으며 음악에 맞춰 자신의 느낌대로 연주했다.

엄마, 이 학원은 진짜 재밌어

하준이가 다니는 또 다른 학원 하나는 축구다. 남자아이들이 초등학교 들어가게 되면 점심시간에 자연스럽게 축구, 피구 등 공을 가지고 하는 놀이를 많이 하게 된다. 몸을 쓰는 것에 익숙지 않은 하준이가 친구들과 놀이를 선택할 때 잘하진 않더라도 친구에게 '하고 싶다'라는 말을 할 수 있을 만큼은 되었으면 하는 마음에 선택한 학원이었다. 처음 3개월 동안은 몸이 생각만큼 따라주지 않아 속상해하고, 데굴데굴 굴러가는 공만 쫓아다녔다. 하지만 피아노처럼 '재미없다'라는 말은 하지 않았다.

323

주말 스포츠 데이면 축구공을 가지고 공원에서 함께 가족 축구 시합을 했고, 축구 교실에 가서 차근차근 연습량을 늘렸다. 축구 교실에 다닌 지 6개월 정도가 지나고 나니, 하준이는 일주일 중 축구 교실 가는 날을 가장 기다리게 되었다. 축구에 관한 관심은 손흥민 선수에 관한 책을 찾아서 읽게 했고, 더 잘하기 위해 땀 흘리며 해야 하는 과정도 알게 되었다.

2년 동안 다닌 축구 교실이야말로 연습하면 재밌게 될 수 있다는 걸 깨닫게 된 곳이다. 처음에는 데굴데굴 굴러다니는 공만 쫓아다니다가, 어느새 발바닥으로 굴러오는 공을 멈춰서 누를 수 있게 되고, 발등으로 정확하게 공을 차고, 상대방의 빈틈을 노려 슛을 하는 기쁨을 맛봤다. 축구 교실을 통해 '잘하려면 연습이 꼭 필요해. 처음부터 잘할 수 없어.'라는 걸 아이는 직접 경험했다.

아이는 축구 교실에서 열리는 축구 대회에 나가서 뜨거운 태양 아래에서 땀을 흘리며 친구들과 축구를 했다. 그리고 '최우수상'을 받기도 했다. 열심히 참여한 모든 아이에게 주는 상이었지만, 아이는 이 상을 책상 위에 올려두고 볼 때마다 "나는 축구를 진짜 잘해."라고 말하며 자랑스러워했다. 축구 학원을 등록하지 않았더라면 만날 수 없는 기회였다.

해냄 스위치를 켜면 혼자서도 잘하는 아이가 됩니다

학원 안에 있는 사람은 엄마가 아닌 아이다

많은 엄마가 아이 학원을 고민한다. 내 아이에게 시키고 싶은 것은 너무나 많고, 집에서 해주기엔 버거운 마음이 들어 조금 더 효과적인 방법으로 학원을 선택한다. 나 역시 마찬가지다. 학원을 잘 이용하면 좋은 점이 많다. 집에서 할 수 없는 걸 배우는 기회와 경험이 제공되기 때문이다. 그리고 더 알고 싶고, 잘하고 싶은 것을 전문가에게 배울 수 있기도 하다. 중요한 건 엄마가 아이에겐 자신이 다니는 학원을 스스로 선택할 힘이 있다는 걸 믿는 것이다. 학원은 엄마가 아닌 아이가 다니는 곳이기 때문이다. 그 공간에 있는 사람은 엄마가 아닌 바로 아이다. 선택의 주도권은 아이에게 있다.

하지만 아이에게 선택의 주도권이 있다는 말에 의문이 들수도 있다. 아이에게 선택하라고 한다면, 아이에게 모든 걸 맡기라는 뜻일까? 당연히 그건 아니다. 어린아이가 모든 학원을 주도적으로 검색하고 알아볼 수는 없다. 아이가 먼저 다니고 싶다고 말하는 학원이 있다면 가장 좋겠지만, 그렇지 않을수도 있다. 가까이에서 내 아이의 흥미와 성향을 관찰한 엄마가 아이에게 현재 필요하다고 생각한 학원을 골랐다면 아이와 이야기를 나눠보자. 그리고 아이가 생각할 수 있는 시간을 마련할 수 있도록 함께 규칙을 정하는 것이다. 예를 들어, "주

2회, 집 근처, 한 달 동안"등과 같은 학원 규칙에 관한 이야기를 나눠본다.

"요즘 하준이가 그림 그리기가 재밌지? 엄마가 집 앞에 알아본 곳이 있는데 여기 어때?

우리 한 달만 해볼까? 그리고 너의 생각을 이야기해줘.

재밌는지 재미없는지 알기 위해서는 최소한 한 달이라는 시간이 필요하거든.

꾸준히 해봐야지만 알 수 있는 게 있어."

"엄마, 알았어. 한번 해볼게. 그리고 말해줄게!"

한 달 정도의 시간이 지난 뒤 아이에게 물어보자. 분명 자신에게 어렵지만 더 배워보고 싶은 게 있을 테고, 쉽지만 재미가 없게 느껴지는 게 있을 테다. 이 과정을 통해 아이는 고민하게 되고, 고민에 대한 답은 아이만이 정할 수 있다. 그 안에 있었던 건 아이이기 때문이다. 이 고민을 통과하여 스스로 선택한 아이는, 기계적으로 몸만 옮기며 학원에 다니지 않고 자신의 마음과 의도를 가지고 학원에 다니게 된다. 이런 대화의 과정을 통해 아이의 마음 흐름을 알 수 있는 사람은 학원 선생님이 아닌, 바로 엄마여야 한다. 그래야 흔들리지 않고 학원을 선택할 수 있다. 학원 선택엔 실질적인 비용과 시간이 투자되기에 엄마의 용기가 필요한 일이다. 하지만 아이의 선택을 믿는 용기를 내는 일도 엄마밖에 할 수가 없다. 아이가 무언가를 말한다면 그 마음을 애써 무시하지 않기를 바란다. 아이의 말에는, 아이만의 이유가 존재한다. 그리고 아이에겐 그것을 선택할 충분한 힘이 있다. 우리는 그 힘을 믿어줄 유일한 한 사람임을 잊지 말자.

4장. 모든 아이는 능동적 학습자가 될 수 있다

"엄마, 나 이거 먹고 싶어!"

아이는 병원 진료를 마친 뒤 1층에 있는 아이스크림 가게로 곧장 달려가서 고민 없이 아이스크림을 골랐다. 아이가 고른 아이스크림을 살펴보니 피카추 아이스크림이었다. 아이스크림 밑에 들어간 설명을 찬찬히 읽어보니, 톡톡 터지는 캔디가 들어가 있다고 적혀 있었다.

'아, 하준이는 입안에서 터지는 캔디를 먹어본 적이 없는데, 이 느낌을 분명 싫어할 텐데… 자주 먹던 요거트 맛을 먹으면 훨씬 맛있게 먹을 것 같은데.'

아이는 이미 아이스크림을 골랐지만, 나의 머리는 바쁘게 돌아갔다. 평상시에 아이가 즐겨 먹는 우유맛 아이스크림이나 요거트 아이스크림을 골랐으면 하는 마음이 컸다. 분명 좋아하지 않을 맛이라는 걸 알았다. 무늬만 피카추 아이스크림이지 진짜 피카추와는 아무 상관이 없는 아이스크림을 솔직히 사주고 싶지 않았다. 내 생각이 여기까지 미치자 아이에게 슬쩍 물어보았다.

"하준아, 이거 안에 톡톡 터지는 캔디가 들어 있다고 하네. 하준이는 이거 먹어본 적 없잖아. 그냥 요거트 아이스크림을 먹는 게 어때?"

"엄마, 나는 피카추 아이스크림 먹을 거야."

아이의 표정과 대답은 꽤 단호했다. 그 단호함에 아이의 열망이 얼마나 큰지 느껴졌지만, 아이가 뻔히 안 먹을 아이스크림을 사주고 싶진 않았다. 그 뒤로 몇 번을 더 설득했지만, 아이의 마음은 돌아서지 않았고 결국 피카추 아이스크림을 사주었다. 역시 엄마의 데이터는 정확했다. 아이는 무늬만 피카추인 아이스크림을 먹어보더니 세 숟가락 정도 먹고 더 이상 먹지 않았다. 톡톡 튀는 캔디가 익숙하지 않아서인지 입 안이 아프다고 하고, 생각보다 너무 달다고 했다. 얼른 숟가락을 들어서 나도 한 입 먹어보니 아이가 설명한 그대로의 맛이었다. 입안이 따끔거렸고, 너무 달았다.

329

에필로그

선택의 결과로 가장 아픈 사람은 본인이다

"거봐, 엄마 말이 맞지?"라는 말이 목구멍까지 차올랐지만, 아이의 표정을 보니 올라오려던 말이 쏙 내려갔다. 아이도 이미 실패를 맛본 것이다. 자신이 상상한 맛과 달랐고, 이건 본인의 선택이라는 걸 알고 있었다. 내가 구태여 보태지 않아도 자신의 선택에 대한 실망감을 아이도 받아들이려고 노력하고 있었다. 다른 맛을 먹고 싶다거나, 다시 사달라거나 하는 말을 하지 않았다. 아이는 딱 세 숟가락을 먹고 아이스크림을 남겼다. 그 뒤로 녹아서 노란색 물이 된 아이스크림을 버리고, 횡단보도를 건너 놀이터로 뛰어갔다. 그날은 나도 아이도 더는 피카추 아이스크림에 관해 이야기하지 않았다.

아이들은 그 후로도 참새가 방앗간을 찾듯이 진료를 마친 뒤 어김없이 1층 아이스크림 가게로 향했다. 피카추 아이스크림 이후 하준이는 조금 더 신중하게 아이스크림을 골랐다. 매장에 쭉 늘어져 있는 아이스크림 설명을 치밀하게 읽어보고, 안에 든 내용물도 꼼꼼히 살펴봤다. 선택에 대한 후회가 쓰다는 걸 경험해봤기 때문이다. 여전히 피카추, 이브이 등의 아이스크림에 마음이 흔들리지만, 또 그 아이스크림을 고르진 않았다. 이날 아이는 솜사탕 맛 아이스크림을 골랐고, 우리는 테이블에 둘러앉아 아이스크림을 먹으며 이야기를 나누었다.

330

오늘은 왜 다른 아이스크림을 골랐는지 물어보았다.

"하준아, 그런데 오늘은 왜 피카추 아이스크림 안 골랐어?"

"응. 그거 먹어봤더니 생각보다 별로야. 생각했던 맛이 아니었어."

아이는 선택했고, 선택에 대한 실망감을 받아들였다. 그로 인해 아이가 그려갈 지도에 길 하나가 생긴 게 느껴졌다.

좋아하는 것을 알기 위해선, 스스로 선택해야 한다

나는 아이를 가졌을 때 결의에 차 있었다. 내가 주고 싶은 사랑의 형태를 늘 떠올렸다. 그건 아이가 가진 그대로의 모습을 사랑해주는 것이었다. 그런데 아이가 태어난 후 아이의 모습 그대로 사랑하는 일은 정말이지 쉬운 일이 아니었다. 아이가 가지 않았으면 하는 길이 뻔히 보이고, 아이가 선택하지 않았으면 하는 결정들이 보였다. 마치 무늬만 피카추인 아이스크림을 고르는 일과 같았다. 내가 이미 아는 알맹이의 모습을 아이에게 알려주고 싶었다.

'그건 네가 생각하는 무늬처럼 보이지만 속은 달라.'

'그건 분명 후회할 선택이야.'

이 마음의 아래에는 아이가 가진 그대로의 모습을 사랑한다는 것과는 다른 것이 존재했다. 그때 내가 다짐했던 '아이가

에필로그

가진 그대로의 모습'을 사랑한다는 건, 내가 생각하고 만들어 낸 '아이의 모습'이었음을 느꼈다. 문득 이런 생각이 들었다. '나는 내가 원하는 맛만 고르는 아이를 키우고 싶은 건가? 그게 내가 주고 싶었던 사랑의 형태인가?'

내가 키우고 싶은 아이가 분명히 있다. 악기 하나쯤은 잘 다뤄서 마음이 유독 힘든 날이 있을 때 음악으로 위안받으면 좋겠고, 공부를 잘해서 자신이 하고자 하는 선택에 걸림돌이 없었으면 좋겠다. 그리고 친구들에겐 인기가 많았으면 한다. 내가 키우고 싶은 아이를 떠올리면 이렇게 꼬리에 꼬리를 잇는 생각들이 줄줄 흘러나온다. 내가 살면서 직접 경험해본 세상의 좋은 것들은 다 붙여서 내 아이가 그렇게 자라나기를 바란다. 아이가 빚어 올리는 나뭇가지엔 달고 싱싱한 열매만이 달려 있었으면 한다. 하지만, 그건 아이가 선택한 모습일까? 돌이켜 보면 그건 내가 되고 싶었던 모습임을 깨닫는다. 나조차도 되지 못한 그 모습을, 그 선택을 강요하고 있는 건 아닐까? 하물며 아이스크림에서조차도 그 강요는 이어졌다.

아이는 자신이 원하는 어른이 될 자격이 있다

아이가 자신만의 삶 속에서 쌓은 경험치가 있다. 그걸 토대로 아이는 자신이 되고 싶은 어른을 만들어 갈 수 있다. 나는 당당하게 자신의 의견을 잘 말하는 어른이 되길 원하지만, 아이는 자신의 의견을 조금 줄이더라도 다른 사람에게 맞추는 어른이 되길 원할지도 모른다. 아이는 자신이 상상한 맛이 아니라는 것을 알아야 다음번에는 다른 맛을 고른다. 아니면 안 먹어본 맛이지만 생각보다 괜찮아서 '내가 이것도 좋아하네'라는 걸 알 기회를 만나게 된다. 그렇기에 설령 뻔히 보이는 결과일지라도 그 선택을 응원해주어야 하는 단 한 사람인 '엄마'인 나를 다독인다. 그 기회를 주는 것이야말로 엄마가 가진 역할 중 가장 무거운 것임을 느낀다.

앞으로도 아이의 앞에는 다양한 선택지들이 놓일 것이다. 피카추 아이스크림을 고르는 일처럼 신중하게 무늬 속 안을 살펴봐야 하는 선택지들이다. 선택의 결과로 아이는 생각했던 맛이 아니어서 실망할 수도, 생각보다 괜찮아서 한 번 더 시도해볼 수도 있을 것이다. 그 선택이 누적된 아이는 다음번에는 다른 맛을 고르거나, 똑같은 맛을 선택하지만 맛있게 먹을 수 있는 자신만의 방법을 추가할 수도 있을 것이다.

아이가 되고 싶은 어른을 위해 아이의 선택을 마음껏 보장하고 싶다. 배스킨라빈스 테이블에 앉아서 피카추 아이스크림을 먹어봤더니 별로라서 솜사탕 맛을 선택했던 하준이에게 이런 말을 해주었다.

"그렇구나. 진짜 좋은 경험 했다!"

에필로그

나는 앞으로도 아이가 선택할 무수한 실패들 속에서도 이렇게 말을 해주어야겠다.

"괜찮아. 진짜 좋은 경험 했다!"

다른 맛을 고르라는 말이 목구멍까지 차오를 땐, 아이가 되고 싶은 어른의 모습이 무엇일지 떠올려야겠다. 그건 내가 생각하는 어른과는 분명 다른 모습일 테다. 내가 해야 할 일은, 아이가 생각하는 멋진 어른의 모습을 기다리고 응원하는 일이다. 그걸 지켜보는 과정이 설령 내겐 쓴맛일지언정, 아이에겐 단맛일지 모른다. 함부로 내가 그 맛을 결정하진 말자. 그 맛이 달콤할지, 쌉쌀할지, 시큼할지를 결정하는 건 아이 자신이다.

오늘도 우리는 해냄 스위치를 켜고 독립적으로 걸어간다. 아이는 아이의 맛을, 나는 나의 맛을 찾아서 가는 길이다. 나도 내가 생각하는 어른이 되기 위해 여러 가지 맛을 용기 있게 느껴보려 한다. 그 맛을 찾아가는 길로 들어선 모든 용기 있는 엄마들을 마음 다해 응원한다. 서로가 되고 싶은 어른의 길에서 만날 날을 기다린다.

여름의 도서관에서
임가은

해냄 스위치를 켜면 혼자서도 잘하는 아이가 됩니다

해냄 스위치를 켜면 혼자서도 잘하는 아이가 됩니다

© 임가은

초판 1쇄 발행 2023년 11월 1일
초판 3쇄 발행 2023년 11월 14일

지은이 임가은
펴낸이 박지혜

기획·편집 박지혜   **마케팅** 윤해승, 장동철, 윤두열, 양준철
디자인 this-cover
제작 더블비

펴낸곳 ㈜멀리깊이
출판등록 2020년 6월 1일 제406-2020-000057호
주소 03997 서울특별시 마포구 월드컵로20길 41-7, 1층
전자우편 murly@humancube.kr
편집 070-4234-3241   **마케팅** 02-2039-9463   **팩스** 02-2039-9460
인스타그램 @murly_books
페이스북 @murlybooks

ISBN 979-11-91439-36-6 03590